[illegible] Technology Assessment

Schriftenreihe des Deutschen Instituts für [illegible] Dokumentation und Information [illegible] für Gesundheit [illegible]

[illegible]

[illegible] Schwartz

[illegible]

[illegible]

[illegible]

Band 12

Health Technology Assessment

Schriftenreihe des Deutschen Instituts für Medizinische Dokumentation und Information im Auftrag des Bundesministeriums für Gesundheit

Herausgeber:
Friedrich Wilhelm Schwartz
Johannes Köbberling
Heiner Raspe
J.-Matthias Graf von der Schulenburg

Band 22

Operative Eingriffe an der lumbalen Wirbelsäule bei bandscheibenbedingten Rücken- und Beinschmerzen

– Eine Verfahrensbewertung –

Verfasser:

Dr. Dagmar Lühmann
Prof. Dr. Dr. Heiner Raspe
Institut für Sozialmedizin
Universitätsklinikum Lübeck

Nomos Verlagsgesellschaft
Baden-Baden

In der Schriftenreihe des Deutschen Instituts für Medizinische Dokumentation und Information im Auftrag des Bundesgesundheitsministeriums werden Forschungsergebnisse, Untersuchungen, Umfragen usw. als Diskussionsbeiträge veröffentlicht. Die Verantwortung für den Inhalt obliegt der jeweiligen Autorin bzw. dem jeweiligen Autor.

Bibliografische Information Der Deutschen Bibliothek

Die Deutsche Bibliothek verzeichnet diese Publikation in der Deutschen Nationalbibliografie; detaillierte bibliografische Daten sind im Internet über http://dnb.ddb.de abrufbar.

ISBN 3-7890-8390-9

1. Auflage 2003

Inhaltsverzeichnis

Tabellenverzeichnis

Abkürzungsverzeichnis

a.p.	anterior-posterior
AAOS	American Academy of Orthopedic Surgeons
AHCA	Agency for Health Care Administration
AHCPR	Agency for Health Care Policy and Research (jetzt AHRQ)
AHRQ	Agency for Health Care Research and Quality
ANAES	Agence Nationale d'Accréditation et d' Évaluation en Santé
APD	Automated Percutaneous Diskectomy (automatisierte perkutane Diskektomie)
AU	Arbeitsunfähigkeit
AWMF	Arbeitsgemeinschaft Wissenschaftlich Medizinischer Fachgesellschaften
ÄZQ	Ärztliche Zentralstelle Qualitätssicherung
BWS	Brustwirbelsäule
CEBM	Center for Evidence Based Medicine
CN	Chemonukleolyse
CSAG	Clinical Standards Advisory Group
CT	Computertomographie
DIHTA	Danish Institute for Health Technology Assessment
EBM	Einheitlicher Bewertungsmaßstab
EMG	Elektromyographie
EU	Erwerbsunfähigkeit
GKV	Gesetzliche Krankenversicherung
HTA	Health Technology Assessment
HWS	Halswirbelsäule
ISTAHC	International Society for Technology Assessment in Health Care
KBV	Kassenärztliche Bundesvereinigung
KI	Konfidenzintervall
LWS	Lendenwirbelsäule
MRI	Magnetic Resonance Imaging (Magnet Resonanz Tomographie)
NMR	Nuclear Magnetic Resonance = Kernspintomographie
OR	Odds Ratio (Chancenverhältnis)
PLD	Perkutane Lumbale Diskotomie
RCT	Randomized Controlled Trial (randomisierte kontrollierte Studie)
SBU	Stratens Beretning Utvördering (schwedisches HTA Institut)
SLR	Straight-Leg-Raising(-Test), engl. Name für den Lasègue-Test
VAS	Visual Analog Scale (visuell analoge Skala)

English Abstract

Background and Objective: Back pain with or without concomitant ischialgia is a very common condition in patients in most industrial countries. In a large proportion of back pain patients protrusion or herniation of intervertebral disc material is assumed to be the cause of the symptoms mentioned above. Irritation and compression of nerve roots supposedly lead to pain and neurological deficits. Invasive (surgical) procedures aim to remove mechanically or dissolve (by proteolysis or laser radiation) the displaced tissues and hereby relieve compression of the nerve root which consequently leads to clinical improvement. This strategy though has not always been successful. About 10 to 15% of invasively treated patients complain about persistent or even worsened symptoms following operation ("failed back surgery syndrome") (Gill und Frymoyer, 1991). Against this background the technology assessment focuses on two key issues:

- Are the results of surgical treatment of disc herniation or protrusion superior to those of conservative therapy and which procedure leads to the most favourable results?
- Do patient or disease related factors exist that are clearly associated with favourable outcomes after surgery and that allow refinement of decision making for or against surgery?

Methods: The assessment is based on a systematic literature analysis which primarily focussed on systematic reviews and was complemented by results from recently published primary studies, HTA-reports, register data and guidelines. The search was performed in electronic medical and public-health literature databases as well as by handsearching the relevant journals. Methodological quality of documents was documented using the instruments developed by the "German Scientific Working Group for HTA". Results were compiled in qualitative manner.

Results: The literature search retrieved 15 publications that met the inclusion criteria and formed the base for the assessment (4 systematic reviews, 2 randomised controlled trials, 3 HTA-reports, 1 report of register data, 5 guideline documents or consensus statements respectively). The most relevant results are presented in a Cochrane review from 2000 which compares the effectiveness of different surgical procedures for lumbar disc prolapse. RCT data are presented comparing the results of different surgical procedures to each other, to chemonucleolysis and to those of conservative treatment. The authors of the review concluded that, provided operataion is clearly indicated the results of chemonucleolysis are superior to those of conservative treatment but inferior to the results of microdiscectomy or standard discectomy.

The latter were mainly explained by a high rate of reinterventions necessary after chemonucleolysis. There were not enough data from high quality trials to come to conclusions on the effectiveness of percutaneous interventions or laser discectomy. Furthermore the authors of the Cochrane review had to recognize that it was impossible to perform a review of the influence of patient or disease related factors on postoperative results using RCT data. The results of the Cochrane review also formed the base of the three Scandinavian HTA-reports.

An analysis of guideline documents allowed documentation of current indication criteria for lumbar disc surgery but without giving the evidence-base. Two more systematic literature reviews tried to analyse the influence of patient characteristics on the results of surgery using information from observational studies as well as data from controlled trials. Due to poor methodological quality of primary studies and marked heterogeneity of patients and types of outcomes registered the results should be interpreted very carefully. It was concluded that at the moment there is no reliable database for these types of analyses. The report provided by the organizers of the Swedish register for back surgery (established in 1998) leads to the conclusion that the registry data will most probably allow the conduct of meaningful analyses in the future.

Conclusions: Against this background it is difficult to arrive at clear conclusions. Literature analysis states that given a clear indication (failure of conservative treatment, leg pain dominating over back pain, congruent clinical symptoms and radiological signs, concordant patients preferences) invasive therapy leads to more favourable short-term (1 year) outcomes (measure: global statement of success by patients and / or doctors). Concerning medium (4 years) and long term (> 10 years) results the strategies did not differ. The results of microdiscectomy and standard discectomy did not differ. There are not sufficient data available to assess the newly developed procedures.

Published evidence concerning the influence of patient and disease related factors on postoperative results is very limited and allows no firm conclusions.

Future research therefore should focus on the provision of two types of data:

- A population-based registry of disc surgery could yield information on patient and process related factors that are associated with favourable outcomes and that are relevant to the context of the German health care system.
- Effectiveness of especially the newer procedures must be further determined in randomised controlled trials. These procedures should be implemented under trial conditions only.

A Abstract

Fragestellung: Rückenschmerzen mit Ischialgie sind in den westlichen Industrienationen ein sehr häufiges Problem, wobei bei einem großen Anteil dieser Patienten eine diskogene (bandscheibenbedingte) Ursache der Beschwerden postuliert wird. Man nimmt an, dass in dieser Gruppe ein großer Teil der Symptome dadurch verursacht werden, dass eine verschobene (oder vorgefallene) Bandscheibe nervale Strukturen irritiert bzw. einklemmt. Das Wirkprinzip von bandscheibenchirurgischen Eingriffen liegt darin, diese nervalen Strukturen zu entlasten, indem Bandscheibengewebe mechanisch entfernt, proteolytisch aufgelöst oder durch Laserstrahlung verdampft wird. Es ist bekannt, dass 85% der operierten Patienten den Eingriff als "Erfolg" erleben, 15% allerdings einen "Misserfolg" erleiden, welcher sogar bedeuten kann, dass eine postoperativ anhaltende Verschlimmerung der Beschwerden resultiert. Vor diesem Hintergrund soll der vorliegende Bericht zwei zentrale Fragestellungen beantworten: Ist die operative Behandlung des Bandscheibenvorfalls einem konservativen Vorgehen überlegen und welches ist das effektivste Verfahren für einen günstigen kurz- und langfristigen Verlauf? Gibt es patienten- oder erkrankungsabhängige Charakteristika, die deutlich mit guten (oder schlechten) Operationsergebnissen assoziiert sind, so dass eine differenziertere Indikationsstellung ausgesprochen werden kann?

Methodik: Grundlage des vorliegenden Berichts bilden die Ergebnisse von systematischen Übersichtsarbeiten, ergänzt um die Ergebnisse von neuen Einzelstudien, die Aussagen von HTA-Berichten, Registerdaten und Leitlinienpublikationen. Die Arbeiten wurden anhand systematischer Datenbankrecherchen und durch Handsuchen identifiziert. Die methodische Qualität wurde anhand der in der deutschen wissenschaftlichen Arbeitsgruppe für Health Technology Assessment gebräuchlichen Checklisten überprüft und dokumentiert. Eine quantitative Informationssynthese (Metaanalyse) wurde nicht vorgenommen.

Ergebnisse: Insgesamt wurden für den vorliegenden Bericht 15 Publikationen analysiert. Hierbei handelt es sich um vier systematische Reviews, zwei Primärstudien, drei HTA-Berichte, eine Registerstudie und fünf Leitlinien bzw. Konsensusstatements. Die zentrale Publikation ist sicherlich ein Cochrane Review von 2000, der eine Zusammenfassung der RCT-Evidenz für die Wirksamkeit operativer Eingriffe bei Bandscheibenleiden berichtet. Die verschiedenen Verfahren werden im Vergleich zu konservativer Therapie, zur Chemonukleolyse und im Vergleich untereinander bewertet. In dieser Arbeit stellten die Autoren fest, dass bei gegebener Operationsindikation die Erfolge der Chemonukleolyse denen der konservativen Behandlung überlegen sind, allerdings schneidet das Verfahren beim Vergleich mit den Ergebnissen von Standarddiskektomien und Mikrodiskektomien schlechter ab. Hier wirkt sich besonders die häufig beobachtete Notwendigkeit eines Zweiteingriffs aus. Für die perkutanen endoskopischen oder lasergestützten Verfahren reichte die vorhandene Evidenz nicht für eine aussagekräftige Bewertung. Die Autoren des Cochrane Review mussten allerdings feststellen, dass ihre intendierte Beurteilung des Einflusses von Patientencharakteristika auf das Operationsergebnis anhand der Daten aus den RCTs nicht durchführbar war. Die Ergebnisse des Cochrane Review bildeten auch die Datenbasis für die drei skandinavischen HTA-Berichte.

Anhand der Leitlinien wurde der Status quo der Indikationsstellung zum bandscheibenchirurgischen Eingriff dokumentiert. Zwei systematische Literaturübersichten haben versucht, anhand publizierter Studiendaten Rückschlüsse auf patientenabhängige Einflussfaktoren zu ziehen. Die Ergebnisse waren aufgrund von Mängeln im Design der Primärstudien, Heterogenität der Patientenklientel und der erfassten Outcomes nur sehr vorsichtig zu interpretieren. Insgesamt wird festgestellt, dass eine belastbare Datenbasis für derartige Analysen nicht vorhanden ist. Möglicherweise werden die Daten des schwedischen Operationsregisters in einigen Jahren in der Lage sein, die entsprechenden Informationen bereit zu stellen. Da das Register erst über Daten aus einem Jahr verfügt, können hierzu aber noch keine Aussagen gemacht werden.

Schlussfolgerungen: Vor diesem Hintergrund sollten klare Schlussfolgerungen nur sehr vorsichtig gezogen werden: Aus der vorliegenden Literatur ist abzuleiten, dass bei bestehenden Indikationskriterien (kein Ansprechen auf konservative Therapie, Dominanz von radikulären Beinschmerzen, kongruente klinische und radiologische Befunde, konkordante Patientenpräferenzen) zumindest für einen Zeitraum von einem Jahr, die operativen Behandlungserfolge denen des konservativen Vorgehens überlegen sind. (Zielgröße: übergreifendes Patienten- und Arzturteil: Eingriff erfolgreich). Dieser Vorteil scheint sich in längeren Beobachtungszeiträumen wieder zu verlieren. Standarddiskektomie und Mikrodiskektomie zeigten in kontrollierten Studien vergleichbare Wirksamkeit. Für die neueren perkutanen Verfahren liegen für eine fundierte Bewertung keine ausreichenden Daten vor.

Die derzeit publizierte Evidenz zu den Auswirkungen von patienten- oder krankheitsabhängigen Einflussgrößen lässt allerdings nur sehr begrenzt Schlussfolgerungen zu, welche Aspekte (über die oben erwähnten: kein Ansprechen auf konservative Therapie, Überwiegen von Bein- über Rückenschmerzen, kongruente klinische und radiologische Befunde, konkordante Patientenpräferenzen, hinaus) bei der Formulierung von Indikationskriterien einzubringen sind.

Hier besteht ein Forschungsbedarf, der sich durch die Schaffung eines populationsbezogenen klinischen Registers decken lassen könnte.

B Executive Summary

Hintergrund und Fragestellung: Das Thema "Operative Eingriffe an der lumbalen Wirbelsäule bei bandscheibenbedingten Rücken- und Beinschmerzen" wurde gewählt, weil Rückenschmerzen mit oder ohne ischialgiforme Beschwerden (Beinschmerzen) sehr häufig sind (bis zu 80% Lebenszeitprävalenz), bei einem erheblichen Anteil dieser Patienten eine diskogene (bandscheibenbedingte) Ursache der Beschwerden postuliert wird und die Indikationsstellung zur invasiven Behandlung umstritten ist.

Die Symptome (Schmerzen und neurologische Ausfälle) sollen dadurch verursacht werden, dass verschobene (Protrusion) oder vorgefallene (Prolaps) Bandscheiben nervale Strukturen irritieren bzw. einklemmen. Das therapeutische Wirksamkeitskonzept von bandscheibenchirurgischen Eingriffen (und Chemonukleolyse) beruht auf pathophysiologischer Kausalität: Bandscheibengewebe wird mechanisch entfernt, proteolytisch aufgelöst oder durch Laserstrahlung verdampft, so dass eine Druckentlastung der Nervenwurzel zur Besserung des Beschwerdebildes führt. Dies ist jedoch nicht regelhaft der Fall: 10 bis 15 % der operierten Patienten leiden postoperativ unter persistierenden oder schlimmeren Beschwerden ("Postdiskektomiesyndrom" bzw. "Failed Back Surgery Syndrome") (Gill und Frymoyer, 1991).

Bei der Technologie werden offene Operationsverfahren (Standarddiskektomie, Mikrodiskektomie) und perkutane Eingriffe (PLD perkutane lumbale Diskotomie, endoskopische Verfahren) unterschieden. Die Entfernung von Bandscheibengewebe erfolgt mechanisch oder per Laser. Eine Sonderstellung zwischen konservativen und chirurgischen Therapiekonzepten nimmt die Chemonukleolyse ein, bei welcher das Bandscheibenmaterial mithilfe proteolytischer Enzyme aufgelöst wird.

Die Indikationsstellung zur invasiven Therapie bei diskogenen Rückenproblemen wird, abgesehen von wenigen Notfallindikationen (Cauda Equina Kompressionssyndrom, progressives motorisches Defizit, unkontrollierbare Schmerzsymptomatik unter konservativer Therapie), die allerdings nur bei weniger als 5% der Patienten mit Bandscheibenvorfällen vorliegen (Ahn et al., 2000), kontrovers diskutiert. Probleme, die eine Entscheidung erschweren, liegen in folgenden Bereichen:

- die häufig schlechte Korrelation von radiologischem und klinischem Befund
- der spontane Verlauf des Störungsbildes, mit langfristig relativ guter Prognose
- die Vielzahl der in die klinische Praxis eingeführten operativen und konservativen Verfahren

Vorrangige Ziele dieses HTA-Berichts sind die Identifizierung und Bewertung der Literatur zu 1. der Wirksamkeit der Verfahren und 2. zu ihrem adäquaten Einsatz (Indikationsstellung). Es folgt eine Diskussion der in ausländischen HTA-Berichten, systematischen Reviews und Leitlinien ausgesprochenen Empfehlungen und möglicherweise ihre Adaptation an hiesige Gegebenheiten.

Methoden: In einer vierstufigen Literaturrecherche wurde primär nach HTA-Berichten und evidenzbasierten Leitlinien (mit integrierten systematischen Informationszusammenfassungen), nach systematischen Reviews, nach RCTs, die nach Redaktionsschluss für die Reviews publiziert wurden und - als Sonderfall der Klasse 2-Evidenz - nach Registerstudien recherchiert. Dazu wurden die Webseiten relevanter HTA-Institutionen, elektronische HTA- und Literaturdatenbanken (Medline, HealthStar, Cochrane Library, ISTAHC-Datenbank und, unter Verwendung der Links der Ärztlichen Zentralstelle Qualitätssicherung (ÄZQ), internationale Leitliniendatenbanken) durchsucht. Eine Recherche nach Primärstudien wurde nur für den Publikationszeitraum 1999/2000 (nach Redaktionsschluss für den HTA-Bericht des schwedischen HTA-Institutes SBU) durchgeführt. Ergänzend, vor allem auch um keine relevanten Diskussionen auf nationalem oder internationalen Niveau zu übersehen, wurden die Zeitschriften "Zentralblatt für Neurochirurgie", "Zeitschrift für Orthopädie und ihre Grenzgebiete" und "Spine" von Hand durchsucht. Der Jahresbericht des schwedischen Registers für Rückenchirurgie (weltweit das einzige flächendeckende Register) wurde auf Anfrage zur Verfügung gestellt.

Die aus den elektronischen Literaturrecherchen erhaltenen Publikationen wurden manuell nach folgenden Kriterien weiter selektiert:

- Aus Titel oder Abstract der Arbeit musste die thematische Relevanz hervorgehen.
- Die Publikation sollte systematische Informationssynthesen enthalten (bei Primärstudien: randomisiertes, kontrolliertes Design).
- Es wurden nur Publikationen in englischer, französischer, deutscher oder niederländischer Sprache sowie mit englischsprachigen Abstracts berücksichtigt. (Ausnahme: Bericht des schwedischen Registers für Rückenchirurgie).

Reine gesundheitsökonomische Analysen wurden nicht berücksichtigt. Die Dokumentation der methodischen Qualität wurde anhand der Checklisten 1a, 1b und 2a der "German Scientific Working Group Technology Assessment for Health Care" vorgenommen (vgl. Anhang).

Ergebnisse: Insgesamt wurden für den vorliegenden Bericht 15 Publikationen analysiert. Hierbei handelt es sich um vier systematische Reviews, zwei Primärstudien, drei HTA-Berichte, eine Registerstudie und fünf Leitlinien bzw. Konsensusstatements.

Die zentrale Publikation ist sicherlich ein Cochrane Review von 2000, der eine Zusammenfassung der RCT-Evidenz (27 Einzelstudien) für die Wirksamkeit operativer Eingriffe bei Bandscheibenleiden berichtet. Die verschiedenen Verfahren werden im Vergleich zu konservativer Therapie, zur Chemonukleolyse und im Vergleich untereinander bewertet. In dieser Arbeit stellten die Autoren fest, dass bei gegebener Operationsindikation die Erfolge der Chemonukleolyse denen der konservativen Behandlung überlegen sind, allerdings schneidet das Verfahren beim Vergleich mit den Ergebnissen von Standarddiskektomien und Mikrodiskektomien schlechter ab. Hier wirkt sich besonders die häufig beobachtete Notwendigkeit eines Zweiteingriffs aus. Für die perkutanen endoskopischen oder lasergestützten Verfahren reichte die vorhandene Evidenz nicht für eine aussagekräftige Bewertung. Die Autoren des Cochrane Review mussten allerdings feststellen, dass ihre intendierte Beurteilung des Einflusses von Patientencharakteristika auf das Operationsergebnis anhand der Daten aus den RCTs nicht durchführbar war. Die Ergebnisse des Cochrane Review bildeten auch die Datenbasis für die drei skandinavischen HTA-Berichte.

Anhand der Leitlinien wurde der Status quo der Indikationsstellung zum bandscheibenchirurgischen Eingriff dokumentiert. Zwei systematische Literaturübersichten haben versucht, anhand publizierter Studiendaten Rückschlüsse auf patientenabhängige Einflussfaktoren zu ziehen. Die Ergebnisse waren aufgrund von Mängeln im Design der Primärstudien, Heterogenität der Patientenklientel und der erfassten Outcomes nur sehr vorsichtig zu interpretieren. Insgesamt wird festgestellt, dass eine belastbare Datenbasis für derartige Analysen nicht vorhanden ist. Möglicherweise werden die Daten des schwedischen Operationsregisters in einigen Jahren in der Lage sein, die entsprechenden Informationen bereit zu stellen. Da das Register erst über Daten aus einem Jahr verfügt, können hierzu aber noch keine Aussagen gemacht werden.

Diskussion Aus der wissenschaftlichen Literatur lassen sich derzeit keine Schlussfolgerungen ableiten, wie das zentrale Problem der Bandscheibenchirurgie, die klare und eindeutige Indikationsstellung, zu lösen ist. Es muss daher Forschungsbedarf formuliert werden.

Studien- aber auch fachübergreifend (Neurochirurgie, Neurologie, Orthopädie, physikalische Medizin, Psychologie, Sozialmedizin, klinische Epidemiologie usw.) sollten

Bemühungen unterstützt werden, einen einheitlichen Ausgangsdatensatz zur Beschreibung der präoperativen bzw. prätherapeutischen Patientensituation zu erheben. Desgleichen wäre ein Katalog an zu erhebenden Outcomes abzustimmen, um Ergebnisse unterschiedlicher Studien vergleichbar zu machen. Optimal wäre ein Instrumentarium, welches auch in der Routinepraxis einsetzbar ist und so die Analyse von Routinedatenbeständen ermöglichen könnte.

Konkret lässt sich feststellen, dass zur Optimierung der Versorgung der adäquaten Patienten(gruppen) mit dem adäquaten operativen Verfahren mindestens zwei unterschiedliche Arten von wissenschaftlichen Informationen benötigt werden:

1. Es werden Informationen zu Patientencharakteristika, Krankheitsmerkmalen, Verfahrensbedingungen und Operationsergebnissen benötigt, um verlässliche Auswertungen prognostisch relevanter Faktoren zu ermöglichen. Um eine Vorselektion bestimmter Patientengruppen zu vermeiden, sollte eine Dokumentation mit regionalem Bezug, ein Operationsregister, eingerichtet werden. Erfahrungen aus Skandinavien, z.B. mit Endoprothesenregistern, haben gezeigt, dass Rückmeldungen von Registerauswertungen an die operierenden Zentren wesentlich zur Optimierung der Operationspraxis und der –ergebnisse beitragen konnten. Auch wenn demnächst Erfahrungen aus dem 1998 eingerichteten schwedischen Register für Rückenoperationen (vgl. Kapitel C.5.4) berichtet werden, ist, aufgrund der systemgegebenen Besonderheiten (wie z.B. unterschiedliche involvierte Fachrichtungen, die Existenz eines etablierten Rehabilitationssystems) eine eigene nationale Datenerfassung unerlässlich.

2. Wenn auch die korrekte Indikationsstellung für das zentrale Kriterium gehalten wird, welches den Erfolg oder Misserfolg von elektiven Eingriffen der Bandscheibenchirurgie determiniert, sollte dem Vergleich der Effektivität und Sicherheit der einzelnen Verfahren doch weitere Aufmerksamkeit gewidmet werden. Die neueren Verfahren (perkutane (endoskopische) Verfahren, der Einsatz von Laserstrahlung) wurden vor allem mit der Idee einer geringeren Invasivität, damit kürzerer Operationsdauer und kürzerem Klinikaufenthalt (bis hin zur ambulanten Operation) entwickelt. Ein weiterer wichtiger Aspekt der geringen Invasivität ist - auf lange Sicht – weniger Gewebetraumatisierung und damit geringere Narbenbildung zu induzieren und damit eine der postulierten Ursachen für ein „Postdiskektomiesyndroms“ zu vermeiden. Unter diesem Aspekt wäre auch der Einsatz von Substanzen, die lokal eine Narbenbildung verhindern sollen, einzuordnen.

Informationen fehlen darüber hinaus zur Rolle der Chemonukleolyse als Intermediärverfahren zwischen konservativem und invasivem Vorgehen, zur relativen klinischen Wirksamkeit und Kostenwirksamkeit von mikrochirurgischen versus offenen chirurgischen Eingriffen und zur Stellung der laserchirurgischen und perkutanen automatisierten Verfahren. Insbesondere besteht ein Bedarf an Langzeitstudien, um den Stellenwert des chirurgischen Eingriffs im Kontext des Spontanverlaufs des Krankheitsbildes klarzustellen. Prognostische Studien, ebenso wie die Registerdaten, sollten auch die Analyse von psychologischen Einflussfaktoren integrieren.

Vor dem Hintergrund der Literaturanalyse des Cochrane Review, dem bis zum Redaktionsschluss für diesen Bericht durch keine relevanten neuen Ergebnisse hinzuzufügen waren, wäre der Stellenwert der neuen Verfahren in weiteren randomisierten kontrollierten Studien zu eruieren, vorzugsweise im Vergleich zu konservativen Behandlungsformen.

Schlussfolgerungen: Die erste Frage nach der Wirksamkeit der bandscheibenchirurgischen Verfahren lässt sich anhand der Ergebnisse des Cochrane Review und der seither publizierten Studien beantworten: bei bestehenden Indikationskriterien (kein Ansprechen auf konservative Therapie, Überwiegen von Bein- über Rückenschmerzen, kongruente klinische und radiologische Befunde, konkordante Patientenpräferenzen) sind, zumindest für einen Zeitraum von einem Jahr, die operativen Behandlungserfolge denen des konservativen Vorgehens überlegen (Zielgröße: übergreifendes Patienten- und Arzturteil: Eingriff erfolgreich). Dieser Vorteil scheint sich in längeren Beobachtungszeiträumen wieder zu verlieren. Standarddiskektomie und Mikrodiskektomie zeigten in kontrollierten Studien vergleichbare Wirksamkeit. Für die neueren perkutanen Verfahren liegen für eine fundierte Bewertung keine ausreichenden Daten vor. Ihre Anwendung sollte auf den Einsatz unter kontrollierten Bedingungen (Studienbedingungen) begrenzt werden.

Der Stellenwert der Chemonukleolyse, als intermediäres Verfahren zwischen konservativer und operativer Therapie, begründet sich bei adäquater Indikationsstellung (Anulus Fibrosus intakt) durch seine geringere Invasivität.

2. Derzeit ist davon auszugehen, dass ca. 15% der Eingriffe an der lumbalen Bandscheibe als Misserfolge bezeichnet werden müssen, unabhängig vom eingesetzten Verfahren. Es wird postuliert, dass die Therapieversager vor allem auf falsche Indikationsstellungen zurückzuführen sind. Die derzeit publizierte Evidenz zu den Auswirkungen von patienten- oder krankheitsabhängigen Einflussgrößen lässt allerdings nur sehr begrenzt Schlussfolgerungen zu, welche Aspekte (über die oben erwähnten: kein Ansprechen auf konservative Therapie, Überwiegen von Bein- über Rückenschmerzen, kongruente klinische und radiologische Befunde, konkordante Patientenpräferenzen - hinaus) bei der Formulierung von Indikationskriterien einzubringen sind.

Hier besteht ein Forschungsbedarf, der sich durch die Schaffung eines populationsbezogenen klinischen Registers decken lassen könnte.

C Hauptdokument

C.1 Policy Question

Im Rahmen des Projektes "Bestandsaufnahme, Bewertung und Vorbereitung der Implementation einer Datensammlung ´Evaluation medizinischer Verfahren und Technologien´ in der Bundesrepublik" sollte die Übertragbarkeit von im Ausland erarbeiteten Verfahrensbewertungen auf bundesdeutsche Verhältnisse anhand von Beispielthemen überprüft werden. Für eine Verwendung im Kontext des bundesdeutschen Gesundheitssystems sind die solchermaßen gewonnenen Informationen gegebenenfalls zu ergänzen oder zu aktualisieren.

Das Thema "operative Eingriffe an der lumbalen Wirbelsäule bei Bandscheibenleiden" wurde gewählt, weil Rückenschmerzen mit oder ohne ischialgiforme Beschwerden sehr häufig sind (Lebenszeitprävalenz in den westlichen Industrienationen bis zu 80% nach Raspe und Kohlmann (1994)) und bei einem erheblichen Anteil dieser Patienten eine diskogene (bandscheibenbedingte) Ursache der Beschwerden postuliert wird.

Der vermutete Wirkmechanismus des operativen Eingriffes beruht auf der Annahme, dass die Beschwerden durch verlagertes Bandscheibengewebe ausgelöst werden, welches auf Nervenwurzeln drückt, die ihrerseits mit Reizerscheinungen reagieren. Das Wirksamkeitskonzept der operativen Eingriffe beruht auf pathophysiologischer Kausalität: Bandscheibengewebe wird entfernt, so dass eine Druckentlastung der Nervenwurzel zur Besserung des Beschwerdebildes führt. Die Erfolgsraten der Eingriffe lassen jedoch ein gewisses Verbesserungspotential vermuten. 10 bis zu 15 % der operierten Patienten leiden postoperativ unter persistierenden oder schlimmeren Beschwerden ("Postdiskektomiesyndrom" bzw. "Failed Back Surgery Syndrome") (Gill und Frymoyer, 1991).

Der Stellenwert von operativen Eingriffen bei diskogenen Rückenproblemen wird daher, von wenigen Ausnahmeindikationen abgesehen, kontrovers diskutiert. Zu den Problembereichen, die eine Indikationsstellung und die Auswahl eines adäquaten Verfahrens erschweren, gehören:

- die häufig schlechte Korrelation von radiologischem und klinischem Befund
- der spontane Verlauf des Störungsbildes, mit langfristig relativ guter Prognose
- die Vielzahl der in die klinische Praxis eingeführten operativen und konservativen Verfahren

Vorrangige Ziele dieses Berichts sind:

- die Identifizierung und Bewertung der Literatur zur Wirksamkeit der Verfahren im Vergleich (mit höchster Priorität Informationssynthesen);
- die Diskussion der dort ausgesprochenen Empfehlungen und möglicherweise ihre Adaptation an hiesige Gegebenheiten.
- Die Diskussion weiterer Einflussgrößen (z.B. Besonderheiten der Operationstechniken, der peri- und postoperativen Begleittherapie, Merkmale der operierenden Zentren und der Operateure, der Rehabilitation und Nachsorge, Patientencharakteristika) die wesentlich für die Optimierung des Technologieeinsatzes erscheinen, in den ausländischen Berichten jedoch keine Beachtung gefunden haben.

C.2 Hintergrund / Einführung

Die folgende Einführung gibt zunächst einen Überblick über die angesprochene Zielerkrankung, beschreibt in der Folge die Technologie unter technischen Aspekten und geht danach auf Interventions- /Anwendungsziele und verbreitete Indikationsregeln ein. Die Darstellung der ersten beiden Aspekte orientiert sich in weiten Teilen an der Darstellung von Krämer et al.: Bandscheibenbedingte Erkrankungen (1994).

C.2.1 Beschreibung der Zielerkrankung

C.2.1.1 Degenerative Bandscheibenleiden

C.2.1.1.1 Anatomie

Als funktionelle Einheit der Wirbelsäule gilt das sogenannte "Bewegungssegment", dessen Aufbau für das Verständnis der wirbelsäulenchirurgischen Eingriffe in den Grundzügen bekannt sein sollte. Das Bewegungssegment besteht aus knöchernen Strukturen (die Hälfte zweier benachbarter Wirbelkörper und die Wirbelgelenke), Bändern (vorderes und hinteres Längsband, Ligamentum flavum), dem Zwischenwirbelabschnitt (s.u.) und allen Weichteilen, die sich in gleicher Höhe im Wirbelkanal, Zwischenwirbelloch und zwischen den Dorn- und Querfortsätzen befinden.

Als "Bandscheibe" werden alle nicht-knöchernen Bestandteile zwischen zwei Wirbelkörpern bezeichnet. Sie besteht somit aus zwei Knorpelplatten (obere und untere Begrenzung und den Bandscheibenanteilen im engeren Sinne: dem Anulus Fibrosus (Faserring – Begrenzung nach außen) und dem Nukleus Pulposus (Gallertkern – Bandscheibeninneres). Die Bandscheibenhöhe nimmt von oben (Halswirbelsäule = HWS) nach unten (Lendenwirbelsäule = LWS) zu, vordere oder hintere Abflachungen kommen durch die physiologischen Wirbelsäulenkrümmungen zustande.

Die äußere Begrenzung der Bandscheibe, der Anulus Fibrosus, besteht aus Fasern, die in Schraubwindungen von einem Wirbelkörper zum anderen ziehen. Die Fasern strahlen in den knöchernen Rand der Wirbelkörper ein. Am stärksten ist der Anulus Fibrosus in seinen vorderen und seitlichen Anteilen, während die hintere Seite eher dünn und schwach ist. In der Bandscheibenmitte befindet sich der Gallertkern, Nukleus Pulposus. Im jugendlichen Alter zeigt das Gallertgewebe noch einen guten Zusammenhalt, im fortgeschrittenen Alter treten vermehrt Hohlräume auf, der Gewebezusammenhalt geht verloren. Im ersten Lebensjahr beträgt der Wassergehalt des Nukleus Pulposus 90%, im 8. Lebensjahrzehnt noch 74%. Er wird aufrechterhalten durch das Wasserbindungsvermögen der Grundsubstanz. Der Bandscheibenapparat wird in Position gehalten durch die Bänder. Das vordere Längsband überzieht die Wirbelkörpervorderwand und die vorderen Anteile des Anulus Fibrosus in ganzer Breite. Das hintere Längsband nimmt von oben nach unten an Breite ab und ist in Höhe der LWS nur noch ein schmaler Streifen, mit faserigen Ausstrahlungen zu den Abgängen der Wirbelbögen.

Im Wirbelkanal, zwischen der äußeren Hülle des Rückenmarks, der Dura Mater (harte Hirnhaut - umgibt die Strukturen des zentralen Nervensystems: Gehirn und Rückenmark) und den Wirbelkörper-/Bandscheibenstrukturen befindet sich der vordere epidurale Raum. Er wird durch die in der Mitte verlaufende bindegewebige Aufhängung des Durasacks in ein rechtes und ein linkes Kompartiment geteilt. Im Lendenbereich befindet sich zwischen Wirbelkörpern/Bandscheiben und der Dura außerdem noch eine dünne Epiduralmembran. Diese Strukturen bestimmen die Verlagerungsmöglichkeiten der Bandscheibe und die Wanderungsbewegungen von freien Bandscheibenanteilen (-sequestern).

Nach hinten wird der Durasack abgeschirmt durch ein Längsband (Ligamentum flavum), welches den hinteren Anteil des Wirbelkanals auskleidet.

Eine Besonderheit der LWS ist die Lagebeziehung zwischen Bandscheibe, Zwischenwirbellöchern und den abgehenden Rückenmarksnerven (Spinalganglien und vordere Spinalwurzeln). Die Zwischenwirbellöcher liegen auf der Höhe der Bandscheiben, die Nervenstrukturen liegen weiter vorne als in anderen Wirbelsäulenabschnitten. Weiterhin nimmt das Kaliber der Nervenwurzeln von oben nach unten hin zu und erreicht bei L5 (auf der Höhe des 5. Lendenwirbelkörpers) sein Maximum. Eine weitere Besonderheit ergibt sich durch die Stellung der Gelenkflächen der Zwischenwirbelgelenke. Von L1/L2 bis L4/L5 stehen die Gelenkflächen in der Sagittalebene, zwischen L5 und S1 dagegen in der Horizontalebene. Bewirkt ein Höhenverlust der Bandscheiben (physiologisch oder bei Rückwärtsbewegung) ein teleskopartiges Zusammenschieben der Gelenkflächen, ist insbesondere die durch den Zwischenwirbelraum L5/S1 ziehende Nervenwurzel L5 in Gefahr, bedrängt zu werden.

C.2.1.1.2 Pathophysiologie der Bandscheibenleiden

Aus pathophysiologischer Sicht ist der wichtigste Aspekt der Bandscheibendegeneration und Alterung der zunehmende Wasserverlust des Nukleus Pulposus, was vor allem auf eine verringerte Anzahl von Mukopolysaccharidmolekülen zurückzuführen ist. Bei ihrer Degradation entstehen Abbauprodukte, die den Quelldruck vorübergehend erhöhen. So kommt die charakteristische Druckkurve mit den höchsten Werten zwischen dem 30. und 50. Lebensjahr zustande. In der gleichen Lebensphase beginnt auch die kritische Phase der Degeneration des Anulus fibrosus mit Faserverwerfungen und Rissbildungen, die bis ins höhere Alter fortschreitet. Der intradiskale Druck dagegen nimmt zum höheren Alter hin ab. In der mittleren Altersgruppe kommen somit mehrere Faktoren zusammen, die eine Verlagerung von Bandscheibengewebe begünstigen: Hoher Bandscheibenbelastungsdruck (physiologischerweise durch den aufrechten Gang), hoher intradiskaler Quelldruck, Gefügelockerungen im Anulusgewebe sowie Schub- und Scherkräfte bei Bewegungen. Im höheren Alter bestimmt der zunehmende Wasserverlust und die damit verbundene Austrocknung das Bild der Degeneration, das Bandscheibengewebe wird insgesamt rissig und spröde, der Zwischenwirbelabstand verkleinert sich.

Makroskopisch und in bildgebenden Verfahren ist die Degeneration an zunehmender Fissur- und Hohlraumbildung erkennbar. Der Zwischenwirbelraum ist als erstes von Degenerationserscheinungen betroffen, im weiteren Verlauf aber auch Bänder und knöcherne Strukturen. Typische Erscheinungen sind knöcherne Randwulstbildungen an Ansatzstellen von Fasern (Spondylose).

Massenverschiebungen von Bandscheibengewebe

Die pathoanatomischen und pathophysiologischen Gegebenheiten im Laufe des Alterungsprozesses der spinalen Bewegungssegmente prädisponieren besonders im mittleren Lebensalter und an der LWS zum Auftreten von Massenverschiebungen von Bandscheibengewebe. Massenverschiebungen können prinzipiell in alle Richtungen erfolgen, für die Auslösung von Beschwerden werden allerdings nur Verlagerungen nach hinten in Richtung Wirbelkanal verantwortlich gemacht. Die Nomenklatur zur Beschreibung und Einteilung der Massenverschiebungen im Rahmen dieses Berichtes richtet sich nach Krämer et al., 1994.

Zwei Formen werden unterschieden: bei der Protrusion (Vorwölbung) sind der Anulus Fibrosus, das hintere Längsband und die Epiduralmembran noch intakt; beim Prolaps (Vorfall) sind diese Strukturen durchbrochen. Die Protrusionen werden weiter in drei Schweregrade unterteilt.

Tabelle 1: Schweregrade der Bandscheibenprotrusion (nach Krämer et al., 1994)

Grad 1	intradiskale Massenverschiebung, der intakte Anulus Fibrosus überragt die Wirbelkörperhinterkante
Grad 2	Bandscheibengewebe ist in die Fissuren des Anulus Fibrosus eingedrungen und liegt direkt unter dem äußeren Faserring
Grad 3	der Anulus Fibrosus ist durchbrochen, das hintere Längsband und die Epiduralmembran hindern das Gewebe am Eindringen in den Epiduralraum

Bei den vorgefallenen Bandscheiben werden freie und gebundene Bruchstücke (Sequester) unterschieden. Erstere stehen noch in Verbindung mit Bandscheibenstrukturen, letztere befinden sich frei im Epiduralraum. Wenn das vorgefallene Gewebe den Anulus Fibrosus passiert hat, kann es sich prinzipiell in alle Richtungen verschieben. Meist erfolgt eine Verlagerung nach seitlich, entlang der Nervenwurzel; Verlagerungen nach oben oder unten werden jedoch auch beobachtet.

Ein Bandscheibenvorfall kann weiterhin zur Mitte oder aber auf eine Seite erfolgen. Mittlere Vorfälle drücken nach hinten auf den Durasack und die nach unten ziehenden Nervenstränge der Cauda Equina. Im Extremfall reicht dann die klinische Symptomatik bis hin zum Cauda-Syndrom (s.u.). Häufiger jedoch tritt der Prolaps nach hinten-seitlich auf und bedrängt einseitig eine Nervenwurzel.

C.2.1.1.3 Klinisches Erscheinungsbild bei der / dem lumbalen Diskusprotrusion/-prolaps

Das klinische Bild bei lumbalen Bandscheibenleiden wird geprägt vom *Schmerz*, begrenzt auf die untere Rückenpartie (Lumbalgie) oder mit Ausstrahlung in das Gesäß und / oder Bein (Ischialgie), wobei das Schmerzband typischerweise dem Versorgungsgebiet einer lumbalen Nervenwurzel folgt. Häufig werden in diesem Gebiet auch *Sensibilitätsstörungen* wahrgenommen. Das Beschwerdebild ist stark positionsabhängig: Lordosierungen (Hohlkreuzhaltung) in der LWS und intraabdominelle und –thorakale Druckerhöhungen verstärken die Beschwerden. In schweren Fällen kann es zu *motorischen Ausfällen* sowie Blasen- und Mastdarmlähmungen kommen.

Es werden eine Reihe von klinischen Syndromen unterschieden:

Das lokale Lumbalsyndrom ist gekennzeichnet durch positionsabhängige Kreuzschmerzen, Verspannungen der lumbalen Rückenmuskeln, eine schmerzhafte Bewegungseinschränkung der LWS sowie Klopf- und Rüttelschmerz der lumbalen Dornfortsätze. Für eine diskogene Genese des lokalen Lumbalsyndroms (Lumbago, "Hexenschuss") sprechen: Belastungen der Wirbelsäule (Bücken, Heben u.ä.) als Beschwerdeauslöser, sofortige Bewegungssperre, Schmerzverstärkung durch Pressen, Niesen, Husten. Als pathogenetischen Mechanismus wird die Irritation der Rami meningei und dorsales des Spinalnervs durch eine Diskusprotrusion angenommen. In der Regel sind jüngere Patienten betroffen. Die Symptomatik ist in der Regel spontan rückläufig, kann aber rezidivierend auftreten oder sich zum "Ischias-Syndrom" weiterentwickeln.

Lumbale Wurzelsyndrome – Ischialgie

Als Verursacher der lumbalen Wurzelsyndrome wird die Kompression der vorderen Spinalnervenwurzeläste angesehen. Die Einengung kann durch protrudiertes oder prolabiertes Bandscheibengewebe ausgelöst werden, im Zusammenhang mit degenerativen Veränderungen der Zwischenwirbelstrukturen können aber auch Osteophyten bzw. Verschiebungen der Wirbel gegeneinander an der Einengung beteiligt sein oder per se Symptome verursachen. Das Syndrom wird durch folgende, fakultativ vorhandene Komponenten gekennzeichnet: segmental ausstrahlende Schmerzen (Leitsymptom - in das Versorgungsgebiet der betroffenen Wurzel), ein lokales Lumbalsyndrom, positives Lasègue-Zeichen (in Rückenlage bereitet das passive Anheben des gestreckten Beines in einen Winkel > 30° Schmerzen), segmentale Sensibilitätsstörungen, Reflexanomalien und motorische Störungen. Wegen der unterschiedlichen Prognose und therapeutischen Konsequenzen unterscheiden Krämer et al. (1994) differentialdiagnostisch zwischen Protrusions- und Prolapsischialgie.

Tabelle 2: Unterschiede zwischen Protrusions- und Prolapsischialgie (nach Krämer et al., 1994)

Protrusion (Vorwölbung)	Prolaps (Vorfall)
langsam einsetzende Symptomatik	plötzlich einsetzende Symptomatik
wechselnde Fehlhaltung	konstante Fehlhaltung
Schmerzband mit proximaler Betonung	Schmerzband mit distaler Betonung, Paraesthesien, motorische Störungen
medikamentös gut beeinflussbar	medikamentös schlecht beeinflussbar
Diskographie: Kontrastmittel bleibt im Bandscheibeninnenraum	Diskographie: Kontrastmittel tritt in den Epiduralraum aus

Die Prognose bei der Protrusionsischialgie wird generell als günstiger eingeschätzt. Durch Rückverlagerung des dislozierten Gewebes kann eine komplette Auflösung des Beschwerdebildes eintreten. Es ist allerdings nicht möglich, anhand der klinischen Symptomatik eine Prognose für individuelle Patienten zu stellen.

Von der Ischialgie können eine oder mehrere Nervenwurzeln betroffen sein. Krämer et al. (1994) berichten aus ihrer Klientel von etwa 50% Patienten mit eindeutig monoradikulärer Symptomatik. Bei der anderen Hälfte ist die klinische Symptomatik entweder uneindeutig – oder es finden sich Zeichen, dass mehrere Wurzeln betroffen sind. Bei den Patienten mit monoradikulären Symptomen sind in 98% der Fälle die Wurzeln S1 und L5 betroffen, 1% entfällt auf L4 und der Rest auf die oberen lumbalen Wurzeln. Zur Identifikation des betroffenen Segmentes werden die Lokalisation und Ausdehnung des Schmerz- und Unempfindlichkeitsbandes, motorische Ausfälle, Reflexausfälle und Nervendehnungszeichen herangezogen (s. Tabelle 3).

Tabelle 3: Leitsymptome zur Höhenlokalisation von Bandscheibenvorfällen (nach Krämer et al., 1995)

Seg.	Schmerz-/Hypaesthesie	Kennmuskel	Reflex	Nervendehnungszeichen
L1/L2	Leiste	-	-	Femoralisdehnungsschmerz
L3	Vorderaußenseite Oberschenkel	Quadrizeps	Patellarsehnenreflex	Femoralisdehnungsschmerz
L4	Vorderaußenseite Oberschenkel, Innenseite Unterschenkel und Fuß	Quadrizeps	Patellarsehnenreflex	(Lasègue positiv)
L5	Außenseite Unterschenkel, medialer Fußrücken, Großzehe	Extensor hallucis longus	-	Lasègue positiv
S1	Hinterseite Unterschenkel, Ferse, Fußaußenrand	Trizeps surae, Glutaeen	Achillessehnenreflex	Lasègue positiv

C.2.1.2 Diagnostische Maßnahmen

Diagnostische Maßnahmen bei lumboischialgiformen Beschwerden dienen einerseits dem differentialdiagnostischen Ausschluss von entzündlichen, neoplastischen (durch gut- oder bösartige Neubildungen) und systemischen Ursachen für den Symptomenkomplex ("Red Flags" im angloamerikanischen Schrifttum - vgl. Bigos et al., 1994), sollen andererseits Patienten identifizieren, bei denen eine starke Beeinflussung der Beschwerdesymptomatik durch psychosoziale Einflüsse angenommen werden muss ("Yellow Flags" im angloamerikanischen Schrifttum). Danach geht es um die Identifikation eines fassbaren pathoanatomischen Auslösers und seiner Lokalisation.

C.2.1.2.1 Anamnese

Im Rahmen der Erstkonsultation wegen Rückenschmerzen mit oder ohne Ausstrahlung kommen der Anamnese und der klinischen Untersuchung zentrale Bedeutung bei der Unterscheidung zwischen Patienten mit unspezifischen Rückenschmerzen und solchen mit spezifischer, möglicherweise kausal behandelbarer Beschwerdeursache zu. Mehrere evidenzbasierte Leitlinien und Empfehlungen zu akuten Rückenschmerzen (Bigos et al., 1994; Waddell et al., 1999; Nachemson et Vingaard, 2000; Deyo et Weinstein, 2001) schlagen auf der Grundlage systematischer Literaturübersichten vor, im Rahmen der Anamnese vor allem folgende Aspekte anzusprechen:

Zum Ausschluss neoplastischer und infektiöser Erkrankungen: Alter, Tumorleiden in der Anamnese, unerklärter Gewichtsverlust, Immunsuppression, Dauer der Symptome, Ansprechen auf vorangegangene Therapieversuche, Ruheschmerzen, i.v. Drogenkonsum und kürzlich durchgemachte infektiöse Erkrankungen (z.B. Harnwegsinfekte). Für den Komplex Alter $\geq$ 50 Jahre und/oder Tumoranamnese und/oder unerklärter Gewichtsverlust und/oder Versagen von konservativen Therapieversuchen fanden Deyo et al. (1992) eine Sensitivität von nahezu 100% bei einer Spezifität von 60% für maligne Tumore als Verursacher der Beschwerden.

Zum Ausschluss von Frakturen: bei jungen Patienten signifikantes Trauma (Verkehrsunfall, Sturz aus großer Höhe), bei älteren Patienten jegliches Trauma (auch niedriger Traumastärke: Sturz auf ebener Erde, Anheben einer schweren Last).

Nervenwurzelkompression: ischialgiforme Schmerzen; Schmerzausstrahlung nach distal vom Kniegelenk, Taubheits- und/oder Schwächegefühl in den Beinen deuten auf eine Nervenwurzelkompression als Beschwerdeursache. Ein Cauda Equina-Syndrom kann bei Fehlen von Blasendysfunktion und/oder Reithosenanaesthesie und/oder uni- bzw. bilateralen Beinschmerzen mit Schwächegefühl nahezu ausgeschlossen werden (Bigos et al., 1994).

Bei der Erfassung der Schmerzintensität, -qualität und -lokalisation wird zur Objektivierung der Patientenaussagen und zur späteren Verlaufsdokumentation die Verwendung von Schmerzskizzen (pain drawings) und Visuell-Analog-Skalen empfohlen (Bigos et al,1994). Für das Vorliegen von diskogenen Schmerzen sprechen plötzliches Einsetzen, deutliche Positionsabhängigkeit, Verstärkung beim Husten, Niesen und Pressen und ein wechselhafter Verlauf der Beschwerden (Krämer et al., 1994).

Zur Einschätzung der Prognose empfehlen die oben genannten Leitlinien die Beurteilung der psychologischen und sozioökonomischen Situation der Patienten, da sowohl die weitere Untersuchung, der spontane Verlauf als auch der Erfolg späterer Therapiemaßnahmen von derartigen Faktoren stark beeinflusst werden können.

C.2.1.2.2 Klinische Untersuchung

Die initiale klinische Untersuchung ergänzt die aus der Anamnese erhaltenen Informationen und zielt ebenfalls auf die Unterscheidung von spezifischen und unspezifischen Beschwerden. Während Hinweise auf neoplastische oder infektiöse Genese der Beschwerden vorwiegend aus der Anamnese erhalten werden, kommt der klinischen Untersuchung beim Verdacht auf Nervenwurzelkompression und bei der Lokalisation des möglicherweise auslösenden Geschehens eine größere Bedeutung zu.

Im Vordergrund stehen die Beurteilung von Nervendehnungsschmerz, Reflexausfällen und motorischen Funktionen.

Pathologische Prozesse in den am häufigsten betroffenen Segmenten L4/L5 und L5/S1 werden mit Tests erfasst, die eine Dehnung des Ischiasnerven bewirken. Das klassische Lasègue-Zeichen ist positiv, wenn das Anheben des gestreckten Beines auf der betroffenen Seite beim liegenden Patienten Schmerzen verursacht (straight leg raising test). Das kontralaterale Lasègue-Zeichen ist positiv, wenn das Anheben des gestreckten Beines auf der nicht betroffenen Seite ebenfalls die Symptome hervorruft. Eine systematische Literaturübersicht von 1995 fand Sensitivitäten zwischen 88% und 100% bei Spezifitäten zwischen 11% und 44% für den normalen SLR, für den kontralateralen SLR dagegen Sensitivitäten zwischen 23% und 44% bei Spezifitäten um die 90% für das Vorliegen einer Nervenwurzelreizung oder -schädigung (Radikulopathie) (van den Hoogen et al., 1995). Weitere Tests, die den Ischiasnervdehnungsschmerz prüfen, sind der "Kniekehlenandrucktest", der "Reklinationstest" oder der "Knie-Hocktest" (der bei diskogenen Beschwerden typischerweise negativ ist) (Krämer et al., 1994).

Die Überprüfung von Reflexdifferenzen oder -ausfällen umfasst den Patellarsehnenreflex und den Achillessehnenreflex. Bei der motorischen Prüfung werden die Muskeln M. tibialis anterior (Fußheber), M. extensor hallucis longus (Großzehenheber) und Mm. peronei longus und brevis (Fußrandheber) beurteilt (Liang et Katz, 1991). Auch bei diesen Tests ist die Spezifität deutlich höher als die Sensitivität (van Hoogen et al., 1995).

C.2.1.3 Bildgebende Verfahren

Röntgenübersichtsaufnahmen: Konventionelle Übersichtsaufnahmen im anteriorposterioren Strahlengang dienen vor allem dem Ausschluss von spezifischen Schmerzursachen und werden leitlinienkonform nur eingesetzt, wenn Informationen aus Anamnese und klinischer Untersuchung einen derartigen Verdacht nahe legen (Bigos et al., 1994; Waddell et al., 1999; van Tulder et al., 1997). Aus der a.p. Aufnahme geben bei älteren Patienten verschmälerte Zwischenwirbelräume, osteosklerotisch veränderte Deckplatten und gegebenenfalls Osteophyten oder Brückenbildungen an den Wirbelkörperkanten indirekt Hinweise auf chronische oder abgelaufene degenerative Veränderungen des Bandscheibenapparates. In der Seitaufnahme können zusätzlich die aufgehobene Lendenlordose und Verschiebungen der Wirbelkörper gegeneinander hinweisend sein. Bei einer akuten Symptomatik sind die Befunde aus konventionellen Röntgenaufnahmen wenig hilfreich (Krämer et al., 1994).

Computertomographie (CT): Das Prinzip der Bildgebung bei der Computertomographie ist das gleiche wie bei konventionellen Röntgenaufnahmen: abhängig vom Kalksalzgehalt der Gewebe stellen sie sich "röntgendicht" (= weiß, z.B. Knochen) oder "transparent" (=schwarz, z.B. Luft, Fettgewebe) dar. Andere Strukturen, Flüssigkeit, Nervengewebe, Bandscheibengewebe stellen sich in Grautönen dar und sind durch ihre Lage zueinander bzw. zum Knochen oder dem epiduralen Fettgewebe abgrenzbar. Die Schnittführung bei den Schichtaufnahmen des CT erfolgt in den Transversalebenen, wobei die Schichtdicke frei wählbar ist. In der Regel werden im CT 2-3 Bewegungssegmente untersucht. Im Zusammenhang mit der Abklärung von lumboischialgiformen Beschwerden sind im CT vor allem knöcherne Veränderungen gut beurteilbar.

Verlagertes Bandscheibengewebe ist im CT entweder direkt sichtbar (kontrastiert zum epiduralen Fettgewebe) oder wird indirekt über Verdrängungserscheinungen an Durasack und Nervenwurzeln erkennbar. Die für die therapeutischen Konsequenzen wichtige Unterscheidung zwischen Protrusion und Prolaps wird anhand der Form der Verlagerung, ihrer Oberflächenbeschaffenheit und Ausdehnung nach kranial oder kaudal getroffen. Im Zweifelsfall muss ein Diskogramm (Kontrastmitteldarstellung der Bandscheibe) angefertigt werden.

Myelographie: Die Myelographie ist das klassische Verfahren zur Abklärung von Nervenwurzelkompressionssyndromen. Nach Injektion von jodhaltigem Kontrastmittel über eine Lumbalpunktion wird der lumbale Subarachnoidalraum, der die Cauda Equina und die abgehenden Nervenwurzeln umgibt, dargestellt. In a.p., Seit- und Schrägaufnahmen werden die Konturen der zentralen Kontrastmittelsäule und der Wurzeltaschen auf Verdrängungen und Abbrüche beurteilt. Die Myelographie als invasives Verfahren, mit einer Reihe typischer Komplikationen, wird heute nur noch verwendet, wenn CT oder NMR uneindeutige Ergebnisse liefern (Krämer et al., 1994).

Kernspintomographie: Prinzip der Bildgebung bei der Kernspintomographie ist der unterschiedliche Wasserstoffionengehalt verschiedener Gewebe. Unter allen genannten bildgebenden Verfahren ist die Kernspintomographie das einzige, welches Hinweise auf degenerative Vorgänge im Bandscheibenapparat geben kann, sogar wenn die äußere Kontur der Bandscheibe noch erhalten ist. Degeneration oder Verlagerung des wasserhaltigen Nukleus Pulposus werden frühzeitig sichtbar, ebenso radiale Einrisse im Faserring - falls wasserhaltiges Gewebe in den Spalt eingedrungen ist. Verlagerungen von Bandscheibengewebe (Protrusion, Prolaps, Sequester) lassen sich gut lokalisieren und ihre Größe sowie Nähe zur Nervenwurzel bestimmen. Vorteilhaft im Vergleich zum CT wirkt sich hier aus, dass im NMR in der Regel immer die ganze LWS dargestellt wird (nicht nur 2-3 Segmente) und auch die Schnittebene frei wählbar ist. Dadurch wird das Übersehen von Sequestern oder pathologischen Befunden in weiteren Segmenten unwahrscheinlich. Auch bei der Beurteilung der voroperierten Wirbelsäule ist das NMR wegen seiner Fähigkeit zur Abgrenzung von Narbengewebe von physiologischen Strukturen den anderen Verfahren überlegen. Die hohe Sensitivtät des Verfahrens wird aber im Gegenzug mit einem Verlust an Spezifität erkauft: bei über der Hälfte von asymptomatischen Individuen mittleren Alters sind degenerative Veränderungen des Bandscheibenapparates im NMR nachweisbar (Übersicht bei Nachemson et Vingaard, 2000).

Von Krämer et al. (1995) wird die Eignung der drei Verfahren NMR, CT und Myelographie für verschiedene Fragestellungen wie folgt gegenübergestellt:

Tabelle 4: Stellung von NMR, CT und Myelographie im Rahmen der Ischialgiediagnostik (nach Krämer et al., 1995)

Fragestellung	NMR	CT	Myelographie
Bandscheibenvorfall	+++	++	+
Spinalkanalstenose	+	+++	++
Postdiskektomiesyndrom	+++	++	+
Differentialdiagnose neurologischer Ausfälle	+++	+	+++
Trauma	+	+++	+
Spondylolisthese	+	+++	+
Spondylitis	+	+++	-
Tumor (Metastasen)	+	+++	+

C.2.1.3.1 Ergänzende diagnostische Verfahren:

Diskographie: Die Diskographie (Punktion der Bandscheibe, Injektion von kontrastmittelhaltiger Flüssigkeit) liefert zwei Arten von Informationen: einerseits gibt die Kontrastmitteldarstellung Auskunft über die Morphologie der Bandscheibe, andererseits wird die Schmerzprovokation durch die Flüssigkeitsinjektion als diagnostisches Zeichen gewertet. Zur Diagnostik von Bandscheibenvorfällen wird die Diskographie nicht mehr eingesetzt, da die diagnostische Aussagekraft von NMR und CT überlegen ist (Jackson et al., 1989). Umstritten ist ihr Einsatz im Rahmen der Vorbereitungen für Stabilisierungsoperationen bei Patienten mit chronischen Rückenschmerzen, vor allem vor dem Hintergrund, dass die Wirksamkeit des operativen Eingriffs selber nicht gesichert ist (Nachemson et Vingaard, 2000).

Elektrophysiologische Untersuchungen: Der Einsatz von elektrophysiologischen Untersuchungen (Nadel-EMG, H-Reflex) wird von den meisten Autoren nur dann befürwortet, wenn klinischer Befund und bildgebende Verfahren diskrepante Ergebnisse liefern (Bigos et al., 1994; Krämer et al., 1994). Die Literaturübersicht von Dvorak (1996) sieht drei Indikationen zur Durchführung von elektrophysiologischen Untersuchungen bei Patienten mit Verdacht auf Nervenwurzelkompression: Ausschluss von distalen Nervenschäden (Einklemmung, Neuropathien), Objektivierung von muskulären Defiziten bei schmerzbedingten Bewegungsbehinderungen oder unkooperativen Patienten sowie zur Dokumentation des präoperativen Befundes vor Zweiteingriffen an der Wirbelsäule.

C.2.1.4 Therapeutische Maßnahmen

Die übereinstimmenden Empfehlungen von mehreren evidenzbasierten Leitlinien für Patienten mit akuten lumboischialgiformen Beschwerden sehen, bei Abwesenheit von anamnestischen und klinischen Hinweisen auf eine spezifische Ursache der Beschwerden, zunächst eine 4-6 wöchige Phase symptomatischer Therapie vor (u. a. Waddell et al., 1999; Bigos et al., 1994). Unter diese Patienten fallen auch solche mit Zeichen einer Nervenwurzelirritation (z.B. aufgrund eines Bandscheibenvorfalls), solange kein Verdacht auf ein Cauda Equina Kompressionssyndrom oder ein fortschreitender Ausfall funktionell wichtiger Muskelgruppen besteht. Die Empfehlungen begründen sich auf eine Reihe von Untersuchungen an konservativ behandelten Patienten mit ischialgiformen Beschwerden, teilweise mit gesicherten Bandscheibenvorfällen, in denen gezeigt werden konnte, dass innerhalb dieses Zeitraumes bei den meisten Patienten (> 70%) die Beschwerden deutlich rückläufig sind (z.B. Weber et al., 1984; Weber et al.,1993; Krämer J, 1995; Vroomen et al., 1999). Im weiteren Verlauf bis zu 1-2 Jahren erhöht sich der Anteil der unter konservativer Therapie deutlich gebesserten Patienten auf ca. 90% (Scale et Zichner, 1994).
Die konservative Therapie ist rein symptomatisch ausgerichtet. Sie soll in der ersten Phase vor allem Schmerzen und Funktionseinschränkungen reduzieren und der Chronifizierung vorbeugen, später steht die Rezidivverhinderung im Vordergrund.

Zu den verbreiteten konservativen Verfahren gehören: entlastende Lagerungen, (Bett)ruhe, Analgetika, physikalische Maßnahmen (Wärme- und Kälteanwendungen), Akupunktur, Massagen, Elektrotherapieverfahren, Traktion, Trainingstherapien und lokale Injektionstherapien von Lokalanästhetika und/oder Glukokortikoiden. Die Wirksamkeit der einzelnen Therapieverfahren ist teilweise durch die Ergebnisse randomisierter kontrollierter Studien belegt (z.B. epidurale Kortikoidinjektionen – Metaanalyse von Watts et al., 1995) oder umstritten (z.B. Akupunktur). Eine weitergehende Darstellung würde den Rahmen dieses Berichtes bei weitem überschreiten und muss daher unterbleiben. Systematische Literaturübersichten und kontrollierte Studien zu einzelnen Verfahren finden sich auf der "Cochrane Library".

C.2.2 Beschreibung der Technologie

Die erste wissenschaftliche Veröffentlichung zu einem bandscheibenchirurgischen Eingriff wurde von Mixter & Barr bereits 1934 publiziert. Es handelte sich dabei um einen offenen Eingriff mit erheblicher Gewebetraumatisierung und konsekutiver Narbenbildung. Die Weiterentwicklung der Operationsverfahren war gekennzeichnet von dem Bemühen um Verfeinerung der Technik mit dem Ziel einer möglichst atraumatischen Operation. Heute wird zwischen den offenen chirurgischen und den perkutanen intradiskalen Verfahren unterschieden.

C.2.2.1 Offene chirurgische Verfahren

C.2.2.1.1 Standarddiskektomie

Ziel der Standardoperation ist die Entfernung verlagerten Bandscheibengewebes (Protrusion oder Prolaps) und damit die Druckentlastung der Nervenwurzel. Für den Eingriff wird der Patient in Seiten-, Bauch- oder Kniehocklage gelagert, um eine maximale Beugung der LWS zu erreichen. Der Zugang zum Spinalkanal wird nach Hautschnitt (6-8 cm) über den Dornfortsätzen, Faszieninzision, Beiseiteschieben der Rückenmuskulatur und Durchtrennung bzw. Fensterung des Ligamentum Flavum (Flavektomie, Fenestrotomie) erreicht. Für einen freien Zugang zur betroffenen Nervenwurzel und zum verlagerten Bandscheibengewebe kann es erforderlich sein, Teile des Wirbelbogens (Laminotomie) oder sogar auf einer Seite den ganzen Wirbelbogen zu entfernen (Hemilaminektomie).

In den Wirbelkanal verlagertes oder sich vorwölbendes Bandscheibengewebe wird entfernt, die eingeklemmte Nervenwurzel befreit. Zur Vorbeugung von Rezidiven wird weiteres mobiles Bandscheibenmaterial entfernt, wobei über die erforderliche Radikalität bei der Ausräumung des Bandscheibeninnenraumes unterschiedliche Auffassungen bestehen. Die Auffüllung des so entstandenen Defekts mit Kunststoff- oder

Metallkugeln gehört in den Bereich der experimentellen Methoden und hat sich bisher nicht durchgesetzt.

Komplikationsraten nach Standarddiskektomie sind eher niedrig (vgl. auch Tabelle 5). Zu den eingriffspezifischen Komplikationen gehören: intraoperative Nervenwurzel- und Cauda Equina Schädigungen und Duraverletzungen mit der Gefahr einer Meningozele oder Liquorfistel, wobei die letztgenannten das Langzeitergebnis nur geringfügig beeinflussen (Jones et al.,1989).

Zur Nachbehandlung nach Standarddiskektomie gehört die Frühmobilisation mit voller axialer Belastung der Wirbelsäule (Ausnahme: ausgedehnte Ausräumung des Bandscheibeninnenraumes, dann vorübergehend dosierte Teilbelastung). Zur Gewährleistung einer komplikationslosen Wundheilung sollen Seitverbiegungen und starke Vorbeugungen zunächst vermieden werden. Zur Wiederherstellung der normalen Wirbelsäulenbeweglichkeit und Belastbarkeit werden nach Abschluss der Wundheilung isometrische Muskelkräftigungsübungen, die Mobilisierung im Bewegungsbad und ein anschließendes krankengymnastisches Übungsprogramm durchgeführt.

C.2.2.1.2 Mikrodiskektomie

Die Mikrodiskektomie ist eine Weiterentwicklung des Standardverfahrens zur Vermeidung großflächiger Gewebetraumatisierungen. Durch eine wesentlich kleinere Inzision (max. 3cm) wird der Spinalkanal über einen trichterförmigen Retraktor erreicht. Zur Inspektion des Operationssitus wird ein Operationsmikroskop verwendet. Als vorteilhaft im Vergleich zum makroskopischen konventionellen Verfahren werden die geringeren anatomischen Defekte (es wird z. B. kein oder nur sehr wenig Knochen weggenommen), die daraus resultierende weniger ausgeprägte Narbenbildung und die geringeren Komplikationsraten (s. Tabelle 5) angeführt. In den USA werden Mikrodiskektomien auch ambulant durchgeführt. Als Nachteile werden die Gefahr des Übersehens von Sequestern und die Möglichkeit von Operationen der falschen Etage (wegen der schlechteren Einsicht in den Operationssitus) angesehen.

C.2.2.2 Perkutane intradiskale Therapieverfahren

Zu den gebräuchlichen perkutanen Verfahren gehören die Chemonukleolyse, die perkutane Diskotomie und die perkutane Laserdiskotomie. Bei allen perkutanen Verfahren wird durch einen posterolateralen Zugang der Bandscheibeninnenraum erreicht. Entweder chemisch, mechanisch oder lasertechnisch wird Gallertkernsubstanz entfernt und dadurch das Volumen der Bandscheibe verringert. Die Druckentlastung der Nervenwurzel soll erreicht werden, indem Raum für eine Retraktion protrudierten Bandscheibenmaterials geschaffen wird.

Keines der perkutanen Verfahren ist in der Lage, Bandscheibenmaterial zu entfernen, welches durch eine Anulusläsion prolabiert ist. Da vor allem diese pathoanatomische Gegebenheit als Auslöser für ischialgiforme Beschwerden gesehen wird, widerspricht die Konzeption der perkutanen Verfahren dem pathogenetischen Konzept zur Kausalität der diskogenen Ischialgie.

C.2.2.2.1 Chemonukleolyse

Unter Chemonukleolyse werden solche Verfahren verstanden, bei denen per injectionem unter Röntgenkontrolle chondrolytische Enzyme oder quelldruckmindernde Substanzen in den intradiskalen Raum eingebracht werden. Technisch greifen die therapeutischen Verfahren auf Erfahrungen aus den diagnostischen Eingriffen (Wirbelkörper-, Bandscheibenpunktionen, Diskographie) zurück. Zu den Substanzen, die zur Chemonukleolyse eingesetzt werden, gehören Aprotinin, Chymopapain und Kollagenase. Der Proteinaseninhibitor Aprotinin zeichnet sich durch eine gute Verträglichkeit (kaum Überempfindlichkeitsreaktionen), aber im Vergleich zu den anderen Substanzen geringere Wirksamkeit aus (Krämer et al., 1991). Es wird daher nur noch in Ausnahmefällen angewandt. Obwohl die Wirksamkeit von Kollagenase und Chymopapain vergleichbar scheint (Übersicht über die Ergebnisse aus 36 Fallserien bei Hedtmann et al., 1992), konnte sich Kollagenase, wohl aufgrund des höheren Preises, im klinischen Alltag nicht durchsetzen. Das am häufigsten zur Chemonukleolyse eingesetzte Medikament ist Chymopapain.

Das proteolytisch wirksame Chymopapain wird aus der Papayapflanze gewonnen und seit 1962 zur enzymatischen Auflösung von Bandscheibengewebe beim Menschen eingesetzt (Smith, 1964). Chymopapain depolymerisiert die Grundsubstanz des Gallertkerns und reduziert damit das Wasserbindungsvermögen. Es resultiert ein herabgesetzter Quelldruck, der zu einer Entlastung der bedrängten Nervenwurzel führt.

Wegen der Gefahr von lebensbedrohlichen allergischen Reaktionen (Anaphylaxie) wird die Chemonukleolyse unter stationären Bedingungen mit der Möglichkeit einer Intensivtherapie durchgeführt. Der Eingriff erfolgt am seitlich gelagerten Patienten in Allgemein- oder lokaler Anaesthesie. Am häufigsten wird die Punktion der Bandscheibe über einen posterolateralen Zugang vorgenommen, die Überprüfung der korrekten Nadellage erfolgt röntgenologisch. Im Anschluss wird ein Diskogramm zur Bestätigung der Diagnose "Protrusion" und zum Ausschluss von Sequestern und Duraverletzungen angefertigt. Erst danach erfolgt die Injektion von 1-2 ml Enzym (2000 Einheiten). Der Patient wird bereits am Abend des Behandlungstages mobilisiert. Während der ersten drei Monate nach der Behandlung wird eine entlastende Bandage getragen, gleichzeitig sollten Übungen zur Kräftigung der Rumpf- und proximalen Extremitätenmuskeln durchgeführt werden. Der endgültige Behandlungserfolg ist erst nach 4-6 Wochen zu beurteilen, nicht zuletzt wegen der nicht selten auftretenden postinjektionellen Kreuzschmerzen.

Schwerwiegende neurologische Komplikationen, bis hin zur transversen Myelitis (Rückenmarkentzündung mit Querschnittssymptomatik), können entstehen, wenn die Substanz versehentlich in den Liquorraum (intrathekal) appliziert wird – was allerdings bei ordnungsgemäßer Technik (Diskographie vor Injektion des Enzyms) fast ausgeschlossen ist (Krämer et al., 1990; Wardlaw, 1995). Allergische und pseudoallergische Reaktionen bis hin zur Anaphylaxie werden in europäischen Studien in bis zu 0,2% der behandelten Fälle berichtet, in amerikanischen Arbeiten bis zu 1% aller behandelten Patienten (Wardlaw, 1995). Als häufigste Komplikation bzw. unerwünschte Wirkung der Chemonukleolyse wird der postinjektionelle Kreuzschmerz berichtet, der zwar grundsätzlich reversibel ist, aber wochen- bis monatelang anhalten kann. Die Angaben zur Häufigkeit schwanken zwischen 20 und 40% aller behandelten Patienten. Als pathogenetischer Auslöser wird eine Höhenminderung der behandelten Bandscheibe und eine daraus resultierende vorübergehende Instabilität im entsprechenden Wirbelsäulensegment vermutet. Ihre Behandlung erfolgt symptomatisch mit den gängigen konservativen Behandlungsverfahren für Rückenschmerzen (Krämer et al., 1994).

C.2.2.2.2 Perkutane lumbale Diskotomie

Die perkutane lumbale Diskotomie (PLD) wurde im Jahre 1975 erstmals beschrieben und wird seit 1988 in Deutschland durchgeführt (Ulrich, 1992). Auch bei diesem Verfahren wird die Bandscheibe nach posterolateraler Punktion unter Röntgenkontrolle erreicht. Auch hier wird zur Befundbestätigung und zum Ausschluss von Sequestrierungen eine Diskographie vorgenommen. Zur Einführung des Operationsinstrumentariums ist es anschließend erforderlich, durch Einführung von Kanülen zunehmenden Durchmessers den Punktionskanal bis zu einem Durchmesser von 5-7 mm aufzuweiten. Durch diesen Kanal kann dann mit Hilfe von Fass-, Saug- oder Fräsinstrumenten mobiles Bandscheibenmaterial aus dem Nukleus Pulposus entfernt werden.

Bei der von Onik (1985) erstmals publizierten automatisierten perkutanen lumbalen Diskotomie (APLD) wird ein Einmal-Saug-Frässystem verwendet, welches mit Unterdruck und kontinuierlicher Spülung arbeitet. Dieses Instrumentarium misst nur 2mm im Durchmesser und kann wegen seiner gebogenen Form auch im Zwischenwirbelraum L5/S1 verwendet werden, der für gerade Instrumente nicht zugänglich ist.

C.2.2.2.3 Laserdiskotomie

Ebenfalls zu den perkutanen Diskotomieverfahren ist die Laserdiskotomie zu rechnen. Der Zugang zur Bandscheibe ist identisch mit dem der anderen perkutanen Verfahren. Die Abtragung des Bandscheibenmaterials erfolgt hier durch Gewebeverdampfung durch die Laserstrahlung. Nachdem verschiedene Laserarten getestet wurden, werden heute zumeist Holmium-Yag- und Neodym-Yag-Laser eingesetzt. Im Vergleich zu der manuellen und der automatisierten perkutanen Diskotomie sind bei Verwendung des Lasers wegen größerer Flexibilität des Gerätes dorsal gelagerte Nukleusanteile besser zu erreichen. Probleme mit dem Laserverfahren entstehen, wenn es aufgrund ungenügender Spülung zur Drucksteigerung im Zwischenwirbelraum mit Verschlechterung der klinischen Symptomatik während des Eingriffes kommt (Krugluger, 1999). Boult et al. (2000) sprechen in ihrer systematischen Literaturübersicht zur Wirksamkeit der PELD (perkutanen endoskopischen Laserdiskektomie) noch eine mögliche laserinduzierte thermische Gewebeschädigung als verfahrenstypische Komplikation an. Das Verfahren wird in Deutschland erst an einigen wenigen spezialisierten Zentren durchgeführt.

Sowohl perkutane manuelle, perkutane automatisierte und die Laserdiskotomie werden meist ambulant durchgeführt. Die Patienten sind nach sechs Stunden mobilisierbar. Für die Nachsorge gelten die gleichen Prinzipien wie bei der Chemonukleolyse. Der Einsatz der Verfahren wird limitiert durch viele anatomische und pathoanatomische Gegebenheiten: sequestrierte Bandscheiben, knöcherne Ummauerung der nervalen Strukturen, Voroperationen, Mehretagenerkrankungen.

C.2.2.2.4 Endoskopische Verfahren

Aufbauend auf die Erfahrungen mit der Diskoskopie wurde die Entwicklung von endoskopischen Verfahren der Bandscheibenoperationen Ende der 80er Jahre möglich, als neu entwickelte kleinkalibrige Geräte mit hochauflösender Fiberoptik die visuelle Beurteilung von krankhaft veränderten perianulären und intrakanalikulären Strukturen möglich machten. Zur Entfernung von Bandscheibengewebe durch den Arbeitskanal des Endoskopes werden mechanische Instrumente (Messer, Zangen) eingesetzt, die Anwendung eines Lasers zur Gewebeverdampfung im Rahmen einer endoskopischen Operation wurde aber auch beschrieben (Savitz et al., 1998). Vor allem die direkten Inspektionsmöglichkeiten des Faserringes an der Penetrationsstelle, die Beurteilung des Zustandes der Nervenwurzel und des Bandscheibeninnenraumes nach Abschluss der Prozedur und die Kontrolle der Blutstillung werden als relevante Fortschritte angesehen (Savitz et al., 1998). Im Gegensatz zu den anderen perkutanen Verfahren sind endoskopisch auch seitlich gelegene Hernien und Sequester zu erreichen, lediglich nach oben oder unten dislozierte Fragmente entziehen sich dem Zugriff (Krugluger, 1999). Die Einsetzbarkeit des Verfahrens wird durch das Vorliegen knöcherner oder ligamentöser Veränderungen, wie sie bei degenerativen Wirbelsäulenerkrankungen häufig vorkommen, limitiert (Kambin et al., 1998).

C.2.2.3 Komplikationen der Diskotomie-/Diskektomieverfahren

Bei den Komplikationen nach bandscheibenchirurgischen Eingriffen kann man zwei Gruppen unterscheiden: solche, die spezifisch bei dieser Art von Eingriffen auftreten, und solche, die dem allgemeinen Operationsrisiko (setzt sich in der Hauptsache zusammen aus: Narkoserisiko, Blutungs- und Infektionsgefahr und Thromboseneigung) zuzurechnen sind. Zu den letzteren gehören die in der Übersicht aufgeführte Operationsmortalität, die Wundinfektionen, die Thrombophlebitiden und Lungenembolien sowie der Transfusionsbedarf.

Zu den spezifischen Komplikationen von bandscheibenchirurgischen Eingriffen werden vor allem Schädigungen, die durch Hantieren im Operationsfeld entstehen, gerechnet. Dies sind Nervenschädigungen (bis zum Cauda Equina-Syndrom), die ungünstigenfalls zu permanenten Lähmungen und Sensibilitätsstörungen führen können, bzw. Verletzungen der harten Hirnhaut (Duraeinrisse), die zum Austritt von Rückenmarkflüssigkeit (Liquor) führen, anhaltende Schmerzprobleme verursachen und gegebenenfalls in einem zweiten Eingriff beseitigt werden müssen.

Eine systematische Übersicht über kontrollierte Studien und prospektive observationelle Studien mit mehr als 30 Personen im Alter $\geq$ 30 Jahren, Follow-Up komplett für mindestens 75% der Untersuchungskohorte, Mindestdauer des Follow-Up von 12 Monaten berichtet folgende Komplikationsraten (Hoffmann et al., 1993):

Tabelle 5: Komplikationen nach bandscheibenchirurgischen Eingriffen (nach Hoffmann et al., 1992). Laser- und endoskopische Verfahren waren zur Zeit der Literaturübersicht noch nicht in klinischem Gebrauch, Chemonukleolyse war nicht Gegenstand der Arbeit

Komplikation	**berichtet in n Studien**	**Mittelwert % (95% KI)**
Standarddiskektomie (56 Studien insgesamt)		
perioperative Mortalität	25	0,15 (0,09-0,24)
Wundinfektionen		
gesamt	25	1,97 (1,32-2,93)
tiefe	17	0,34 (0,23-0,50)
Diszitis	25	1,39 (0,97-2,01)
Duraeinrisse	17	3,65 (1,99-6,65)
Nervenwurzelschädigungen		
gesamt	10	3,45 (2,21-5,36)
persistierend	8	0,78 (0,42-1,45)
Standarddiskektomie (56 Studien insgesamt)		
Thrombophlebitiden	13	1,05 (0,78-1,30)
Lungenembolien	14	0,56 (0,29-1,07)
Meningitiden	5	0,30 (0,15-0,60)
Cauda Equina-Syndrom	3	0,22 (0,13-0,39)
Psoas Hämatom	0	nicht berichtet
Komplikation	**berichtet in n Studien**	**Mittelwert % (95% KI)**
Transfusionen	6	0,70 (0,19-2,58)
Mikrodiskektomie (24 Studien insgesamt)		
perioperative Mortalität	8	0,06 (0,01-0,42)
Wundinfektionen		
gesamt	16	1,77 (0,92-3,37)
tiefe	8	0,06 (0,01-0,23)
Diszitis	20	0,67 (0,44-1,02)
Duraeinrisse	16	3,67 (2,03-6,58)
Nervenwurzelschädigungen		
gesamt	12	0,84 (0,24-2,92)
persistierend	8	0,06 (0,00-0,26)
Thrombophlebitiden	4	0,82 (0,49-1,35)
Lungenembolien	5	0,44 (0,20-0,98)
Meningitiden	0	nicht berichtet
Cauda Equina-Syndrom	0	nicht berichtet
Psoas Hämatom	0	nicht berichtet
Transfusionen	11	0,17 (0,08-0,39)
perkutane Diskektomie (10 Studien insgesamt)		
perioperative Mortalität	3	0,00
Wundinfektionen		
gesamt	2	0,00
tiefe	2	0,00
Diszitis	8	1,43 (0,42-4,78)
Duraeinrisse	2	0,00
Nervenwurzelschädigungen		
gesamt	6	0,30 (0,11-0,79)
persistierend	6	0,00

Fortsetzung Tabelle 5

Thrombophlebitiden	0	nicht berichtet
Lungenembolien	0	nicht berichtet
Meningitiden	0	nicht berichtet
Cauda Equina-Syndrom	0	nicht berichtet
Psoas Hämatom	5	4,65 (1,17-15,5)
Transfusionen	0	nicht berichtet

Auch in der Zeit seit Redaktionsschluss für die Übersichtsarbeit von Hoffmann et al. (1993) wurden nur relativ kleine klinische Studien für die neueren Laser- und endoskopischen Verfahren publiziert, aus deren Daten eine quantitative Abschätzung der Komplikationsraten derzeit nicht möglich ist (z.B. Hermantin et al., 1999; Boult et al., 2000). Qualitativ können auch bei den neueren Verfahren die in der Tabelle angeführten Komplikationen auftreten.

Komplikationsraten in der gleichen Größenordnung für Primäreingriffe, deutlich höhere Komplikationsraten dagegen bei Zweiteingriffen werden auch von Stevens et al. (1997) berichtet.

Die Autoren (Keskimäki et al., 2000) einer finnischen Arbeit weisen darauf hin, dass die meisten Studien, die Komplikationen von bandscheibenchirurgischen Eingriffen berichten, nur über Auswertungen von relativ kurzen Nachbeobachtungsdauern verfügen. Sie können daher in der Regel nur zum peri- und unmittelbar postoperativen Verlauf Aussagen machen. Aus der Sicht der Autoren sollte aber auch die Notwendigkeit einer Reoperation als unerwünschtes Outcome bzw. "Komplikation" interpretiert werden. Die wenigsten Reoperationen werden durch eine Krankheitsprogression oder -prolongation begründet, sondern sie sind vielmehr als Surrogat für schlechtes Ergebnis der Erstoperation zu interpretieren. Die Autoren fanden in ihrer populationsbezogenen Untersuchung der regionalen und interdisziplinären Variabilität von Reoperationen nach Diskektomien an der lumbalen Wirbelsäule ein kumulatives Reoperationsrisiko von 18,9% nach 9 Jahren. Als Faktoren, die ein besonders hohes Reoperationsrisiko markierten, wurden in multivariaten Analysen identifiziert: Operation im Universitätsklinikum (und hier noch unterschieden Neurochirurgie versus Orthopädie) versus Operation in anderem Krankenhaus; regional hohe Rate an Ersteingriffen und die Zugehörigkeit zu den jüngeren Operationskohorten.

Klinische Informationen zu einer differenzierten Beschreibung der Patientenklientel standen den Autoren allerdings nicht zur Verfügung, so dass die Vergleichbarkeit ihrer Ergebnisse mit denen anderer Arbeitsgruppen nicht unproblematisch ist.

C.2.2.3.1 Postdiskektomiesyndrom / FBSS (Failed Back Surgery Syndrome)

Mit dem Begriff FBSS wird im angloamerikanischen Sprachraum ein Syndrom nach operativen Eingriffen an der Lendenwirbelsäule beschrieben, welches gekennzeichnet ist durch:

- Postoperativ gleiche oder stärkere Schmerzen als präoperativ
- Beurteilung des Eingriffes als Misserfolg oder keine Verbesserung des Zustandes postoperativ gegenüber präoperativ
- Postoperative Verschlechterung der Arbeitsfähigkeit gegenüber der präoperativen infolge des Rückenleidens (nach Seelig und Nidecker, 1989)

Tritt das Syndrom nach bandscheibenchirurgischen Eingriffen auf, spricht man auch vom „Postdiskektomiesyndrom". Die Häufigkeitsangaben liegen in einer Größenordnung zwischen 10 und 15% (Davies, 1984). Die Ursachen für das Postdiskektomiesyndrom konnten bisher nicht eindeutig geklärt werden. Eine Reihe der oben angeführten perioperativen Komplikationen können zumindest als Mitursache gedeutet werden. Seelig und Nidecker (1989) fanden bei einer retrospektiven Analyse von 35 FBSS-Patienten in 18% der Fälle perioperative Komplikationen als wahrscheinliche Beschwerdeursache. Die Hauptursache soll jedoch eine falsch gestellte Operationsindikation sein. Vor allem Diskrepanzen zwischen klinischem Befund und den Ergebnissen bildgebender Untersuchungsverfahren, fehlende radikuläre Symptomatik und psychische Auffälligkeiten wie mangelnde Compliance oder Wirbelsäulenhypochondrie sollen mit der Entwicklung von Postdiskektomiesyndromen assoziiert sein (Krämer und Ludwig, 1999).

Das bisher unkontrollierbare Risiko eines Postdiskektomiesyndroms beeinflusst(e) die Entwicklung der Bandscheibenchirurgie in zweierlei Hinsicht: einerseits gab es Anlass zur Entwicklung immer weniger traumatisierender Operationsverfahren und andererseits führte es zu einer allgemein eher zurückhaltenden Indikationsstellung zum operativen Eingriff.

C.2.3 Beschreibung der Intervention

C.2.3.1 Therapieziele und Health Outcomes

Übergeordnetes Therapieziel von operativen Eingriffen an der Bandscheibe ist die dauerhafte Beseitigung von Schmerzen und Funktionsbeeinträchtigungen, wodurch die Grundlage für ein möglichst unbehindertes Partizipieren des Patienten in seinem normalen Lebensumfeld gelegt wird. Aus dieser Definition geht schon hervor, dass der Therapieerfolg nach Bandscheibenoperationen ein mehrdimensionales Konstrukt ist, dessen möglichst vollständige Erfassung angestrebt werden sollte.

In vielen publizierten Studien wird versucht, den "Erfolg" oder "Misserfolg" eines Eingriffs zu erfassen, ohne die unterschiedlichen Dimensionen einzeln zu betrachten. Das traditionelle Maß hierfür ist die globale Bewertung des Erfolges als "ausgezeichnet (excellent)", "gut (good)", "mäßig (fair)" oder "schlecht (poor)". Die Bewertung wird durch die Patienten selber bzw. einen Behandler vorgenommen.

Präziser beschrieben sind diese Bewertungen im häufig eingesetzten System von McNab (1971). Nach diesem Schema wird der Operationserfolg als "excellent" bewertet, wenn der Patient schmerzfrei und voll funktionsfähig ist; "good" bedeutet gelegentliche Rücken- oder Beinschmerzen, die aber schwer genug sind, die normale Arbeitsfähigkeit bzw. Freizeitgestaltung zu beeinträchtigen. Ein mäßiger Erfolg ("fair") wird festgestellt, wenn zwar eine postoperative Verbesserung der Funktionsfähigkeit erreicht wurde, aber eine relevante Behinderung durch intermittierend auftretende Schmerzen, die die Arbeitsfähigkeit oder Freizeitaktivitäten beschränken, vorliegt. Ein schlechtes Ergebnis ("poor") wird erhoben, wenn keine oder kaum eine Verbesserung im Sinne von Aktivitätssteigerung festzustellen ist oder wenn die Notwendigkeit für einen Zweiteingriff besteht.

[Zur Verwendung der McNab Kriterien in gesundheitsökonomischen Analysen haben Fryback et al. (1993) in einer Untersuchung an 83 Patienten mit kürzlich durchgemachten Episoden von Rückenschmerzen Gewichtungsfaktoren zur Berechnung von QALYs erhoben. Wenn perfekte Gesundheit mit 1 und Tod mit 0 beschrieben wird, dann wurden dem Outcome "excellent" der Faktor 0,95; der Bewertung "good" der Faktor 0,77; dem Outcome "fair" der Faktor 0,62 und der Bewertung "poor" der Faktor 0,5 zugeordnet.]

Die McNab Kriterien werden auch in modifizierten Varianten z. B. nach Kambin und Sampson (1986) eingesetzt.

Messungen von isolierten Einzeldimensionen sind eher nicht sinnvoll. Zur Erreichung einer gewissen "Objektivität" wird manchmal die Verwendung von physiologischen Parametern wie Bewegungsumfang oder Muskelkraft berichtet – mit der immanenten Einschränkung, dass gerade im Bereich der degenerativen Wirbelsäulenveränderungen (patho)physiologische Befunde oft nur schlechte Korrelationen zu patienten- oder gesellschaftlich relevanten Outcomes wie Schmerzfreiheit, Fähigkeit, die Aufgaben des täglichen Lebens zu bewältigen, oder Arbeitsfähigkeit zeigen (Deyo, 1988). Wenn diese Parameter erfasst werden sollen, bietet es sich an, ein validiertes

System zu verwenden, welches eingebettet auch diese Messgrößen berücksichtigt. Eine weitere Möglichkeit ist ihre Erfassung zusätzlich zu einem mehrdimensionalem Instrumentarium.

Ein weiterer Score, der relativ häufig zur Beurteilung der Operationserfolge eingesetzt wird, ist der JOA-Score (Scoring System of the Japanese Orthopedic Association for Low Back Pain). In diesem System werden Symptome und Befunde in 4 Dimensionen erfasst:

1. Subjektive Symptome (Rückenschmerzen; Beinschmerzen / Paraesthesien; Gang und Haltung = maximal 9 Punkte)

2. Klinische Befunde (SLR, sensorische und motorische Ausfälle = maximal 6 Punkte)

3. Einschränkung in den Tätigkeiten des täglichen Lebens (Drehen im Bett, Stehen, sich Waschen, Bücken, Sitzen, schwere Objekte Heben oder Tragen, Gehen = maximal 14 Punkte)

4. Blasenfunktion (0 Punkte = gut; schlimmstenfalls - 6 Punkte)

Der JOA-Score ist auf drei unterschiedliche Arten auswertbar. Zählt man die maximal erreichbaren Punkte aus allen Dimensionen zusammen sind maximal 29 Punkte erreichbar.

Im sogenannten 15-Punkte Score werden nur die klinischen Dimensionen 1, 2 und 4 ausgewertet. Schließlich lässt sich noch die sogenannte "Recovery Rate" (Heilungsrate) angeben. Hierzu wird der JOA-Score nach dem 15-Punkte System sowohl prä- als auch postoperativ ermittelt. Die Recovery Rate in % wird errechnet aus dem mittleren postoperativen Score / mittleren präoperativen Score x 100 (Yorimitsu et al., 2001)

Im Prinzip führten die Versuche, bei Outcomemessungen von Rückenschmerzpatienten Veränderungen in einer Vielzahl von Dimensionen zu erfassen, zur Entwicklung einer nahezu unüberschaubaren Fülle von Messinstrumenten, deren wenig standardisierter Einsatz bedingt, dass Ergebnisse von Einzelstudien noch weniger untereinander vergleichbar sind.

Diese Problematik gab Anlass zur Gründung einer internationalen Arbeitsgruppe, mit dem Ziel, ein standardisiertes Vorgehen zur Outcomemessung bei Rückenschmerzpatienten zu entwickeln (Deyo et al., 1998). An das Instrumentarium wurden folgende Anforderungen gestellt: adäquate Breite (Anzahl der zu erfassenden Dimensionen),

Validität und Reproduzierbarkeit, (Veränderungs)sensitivität, Praktikabilität (kurz, niedrige Kosten), Kompatibilität mit häufig verwendeten Instrumenten (z. B. SF-36, AAOS) und Relevanz sowohl für Patienten als auch aus gesellschaftlicher Perspektive.

Unabhängig von der Forschungsfragestellung sollten die Ergebnisse zunächst mithilfe eines sechs Dimensionen umfassenden "Kerninstrumentes" dokumentiert und bei Bedarf um weitere Instrumente, in Abhängigkeit von der spezifischen Fragestellung, ergänzt werden. Die Empfehlungen beruhen auf einer systematischen Literaturanalyse und wurden in einem internationalen Expertengremium verabschiedet. Die Bestandteile des vorgeschlagenen "Kerninstrumentes" können Tabelle 6 entnommen werden, eine deutsche Übersetzung des Instrumentes liegt (noch) nicht vor.

Tabelle 6: Kerninstrument zur Erfassung von Behandlungsergebnissen bei Rückenschmerzen (nach Deyo et al., 1998)

Dimension	Item	Quellen
Pain	During the past week: how bothersome have the following symtoms been? a) low back pain b) leg pain (sciatica) or conventional visual analog pain scales	Patrick et al., 1995 Atlas et al., 1996
Function	During the past week how much did pain interfere with your normal work (including work outside the home and housework)?	SF-36, SF-12 Roland et al., 1983 Ware et al., 1992
Well-being	If you had to spend the rest of your life with the symptoms you have right now, how would you feel about it?	Cherkin et al., 1996
Disability	During the past 4 weeks, how many days did you cut down on the things you usually do for more than half of the day because of back pain or leg pain (sciatica)?	Patrick et al., 1995
Disability (social role)	During the past 4 weeks, how many days did low back pain or leg pain (sciatica) keep you from going to work or to school?	Deyo et al., 1998
Satisfaction with care	Over the course of treatment for your low back pain or leg pain (sciatica), how would you rate your overall medical care? (optional)	Deyo et al., 1998

Das Kerninstrument soll nicht nur eine standardisierte multidimensionale Ergebniserfassung ermöglichen, sondern durch einen prä- und postinterventionellen Einsatz in klinischen Studien mit Lumbalgie- / Ischialgiepatienten sowohl den Vergleich der eingeschlossenen Patientengruppen als auch der Interventionsergebnisse ermöglichen. Dadurch werden Metaanalysen, Multicenterstudien und Kosten-Effektivitätsanalysen erleichtert bzw. erst ermöglicht. Das Instrument kann nach Meinung der Autoren außerdem als Leitfaden für die Begutachtung von Manuskripten, Publikationen und Projektanträgen herangezogen werden.

Zur Beschreibung von Therapieerfolgen gehören außerdem: der zeitliche Abstand zum operativen Eingriff (unmittelbar postoperativ z.B. 3 Monate - mittelfristige Effekte z.B. 1-2 Jahre - Langzeiterfolge z.B. > 5-10 Jahre) und die Perspektive des Beobachters (Patient vs. Behandler).

C.2.3.2 Indikationsstellung

Die Indikationsstellung zur operativen Therapie bei lumboischialgiformen Beschwerden wird als das eigentliche kritische Moment für die Beurteilung einer Wirksamkeit der unterschiedlichen Verfahren eingeschätzt. Dennoch konnten bisher nur wenige Indikationskriterien eindeutig festgeschrieben werden.

C.2.3.2.1 Cauda Equina-Syndrom

Das diskogene Cauda Equina-Syndrom ist als Komplikation des lumbalen Bandscheibenvorfalles zu verstehen, bei dem es zur Kompression der Cauda Equina mit nachfolgenden neurologischen Ausfällen kommt. (Andere Ursachen für ein Cauda-Syndrom wie Tumore, Traumata etc. werden im Kontext dieses Gutachtens nicht behandelt.) Das klinische Erscheinungsbild kann die folgenden Komponenten umfassen: schwere Rückenschmerzen, uni- oder bilaterale Ischialgie, Reithosenanästhesie, motorische und/ oder sensorische Ausfallserscheinungen an den unteren Extremitäten, Urin- und Stuhlinkontinenz. Die Mehrheit der Autoren definiert den Beginn eines Cauda Equina-Syndroms als den Zeitpunkt an dem Harn- oder Stuhlinkontinenz sich erstmals manifestieren (Ahn et al., 2000).

Es werden langsam progrediente Verläufe mit jahrelang bestehenden Rückenschmerzen und sich langsam entwickelnder neurologischer Symptomatik ebenso beobachtet wie hyperakute Verläufe. Bei der Mehrzahl der Patienten entwickelt sich die Symptomatik innerhalb weniger Stunden. Bei ca. 30% ist das Cauda-Syndrom die Erstmanifestation eines Bandscheibenleidens (Shapiro, 2000). Unbehandelt können sich die Symptome ausweiten zur kompletten Paraplegie oder bleibender Inkontinenz.

Von den meisten Übersichts-, Leitlinien- und Buchautoren wird das Cauda Equina-Syndrom als eine dringende und absolute Operationsindikation angesehen, wobei das Operationsziel die schnellstmögliche Dekompression der betroffenen Nervenwurzeln ist (z.B. WSMA, 1999). Es gibt jedoch auch Berichte, die ein zeitlich verzögertes Vorgehen für vertretbar halten (Kostuik et al., 1986). Außer dem zeitlichen Abstand zwischen Beginn der Symptomatik und Entlastungsoperation werden verschiedene klinische Aspekte (z.B. Fehlen von Schmerzen, sensorische Ausfälle oberhalb des betroffenen Segmentes) hinsichtlich ihres prognostischen Wertes diskutiert. Aufgrund der Seltenheit des Krankheitsbildes stammen diese Beobachtungen zumeist aus eher kleinen, methodisch problematischen Studien (Ahn et al. 2000). Diese Kontroverse veranlasste die Autoren eine Metaanalyse der Literatur zur Thematik vorzunehmen. Herangezogen wurden alle englischsprachigen, bis Mai 1999 publizierten klinischen Studien zur chirurgischen Therapie von diskogen verursachten Cauda Equina-Syndromen. Da es sich bei den meisten Arbeiten um kleine Fallserien mit wenigen Patienten handelte, sollte der Einfluss von präoperativen Variablen auf Patientenebene in einer multivariaten logistischen Regression auf das postoperative Ergebnis geprüft werden. Der Einfluss des zeitlichen Abstandes zur Operation wurde in einer separaten Auswertung untersucht. Für die Analysen wurden aus den 42 recherchierten Studien folgende Daten extrahiert:

präoperative Variablen: neben Alter und Geschlecht mindestens eine Angabe zu

Tabelle 7: Präoperative Charakteristika bei Cauda Equina-Syndrom (nach Ahn et al., 2000)

Berufstätigkeit
Wirbelsäulenoperationen in der Anamnese
chronische Rückenschmerzen in der Anamnese
Dauer der Rückenschmerzanamnese vor Einsetzen der Cauda-Symptomatik
Trauma im Zusammenhang mit dem Einsetzen der Cauda-Symptomatik
Geschwindigkeit des Einsetzens der Cauda-Symptomatik
ischialgiforme Beschwerden vorhanden / nicht vorhanden
präoperative muskuläre Schwäche in den unteren Extremitäten, sensorische Defizite, Reflexausfälle, Stuhlinkontinenz, präoperative Harninkontinenz
zeitlicher Abstand zwischen Einsetzen der Cauda-Symptomatik und Operation, kategorisiert in: < 24 h; 24 – 48h; 2-10 Tage; 11 Tage – 1 Monat; > 1 Monat

Als postoperative Outcomes musste wenigstens eine der folgenden Zielgrößen berücksichtigt sein, wobei nur Studien berücksichtigt wurden, in denen prä- und postoperativer Befund für den einzelnen Patienten in Relation gestellt werden konnten.

Tabelle 8: Postoperative Outcomes von Patienten mit Cauda Equina-Syndrom (nach Ahn et al., 2000). *Verschwinden / Auflösung meint vollständige Rückbildung; partielle Rückbildungen wurden als Defizit klassifiziert

Verschwinden* der Schmerzen
Auflösung* der sensorischen Defizite
Auflösung *der motorischen Defizite
Auflösung* der Harninkontinenz
Auflösung* von Störungen der Sexualfunktionen
Auflösung* der Stuhlinkontinenz

Insgesamt konnten Angaben zu 322 operativ versorgten Patienten extrahiert werden. Das Vorhaben der multivariaten Analyse musste aufgegeben werden, da für die meisten Patienten nur einige wenige der genannten Variablen berichtet waren. In univariaten Analysen konnten statistisch signifikante erhöhte Risiken für persistierende Harn- (OR 11 (95% KI 1,5-100)) und Stuhlinkontinenz (OR 25 (95% KI 2,0-333)) bei Patienten mit langjähriger Rückenschmerzanamnese ermittelt werden. Ältere Patienten hatten eine schlechtere Prognose für die Wiederherstellung der sexuellen Funktionen (OR 2,6 (95% KI 1,1-5,9)). Patienten mit bereits bestehender Stuhlinkontinenz wiesen ein erhöhtes Risiko für die Persistenz von Sensibilitätsstörungen (OR

10 (95% KI 1,2-100)) auf. Die teilweise riesigen Konfidenzintervalle reflektieren die (immer noch) kleinen Patientenzahlen in den Vergleichsgruppen.

Die Auswertung des Einflusses des zeitlichen Abstandes zur Operation ergab zunächst keine Unterschiede in den Outcomes der drei Gruppen mit den langen Zeitabständen (2-10 Tage, 11 Tage-1Monat, > 1 Monat) und keine Unterschiede zwischen den Gruppen < 24h und 24-48h. In der abschließenden Analyse wurden daher nur zwei Gruppen verglichen: Patienten, die im Zeitraum bis 48h nach Einsetzen der Cauda Symptomatik operiert wurden und solchen, bei denen der zeitliche Abstand zur Operation größer war. Deutliche Vorteile in der früh operierten Gruppe wurden für die Wiederherstellung der sensorischen Ausfälle (OR 3,45 (95% KI 1,5-8,33)), der motorischen Defizite (OR 9 (95% KI 2,56-33)), der Harnkontinenz (OR 2,5 (95% KI 1,19-5,26)) und der Stuhlkontinenz (OR 9 (95% KI 2,13-33)) gefunden.

Die Autoren der Metaanalyse schließen aus ihren Ergebnissen, dass der Zeitpunkt der Operation nach Einsetzen der Cauda Symptomatik einen wichtigen Einfluss auf das postoperative Ergebnis hat und dass Patienten mit Cauda-Syndrom als Notfallpatienten einzustufen sind. Iatrogene Verzögerungen des Eingriffs – Shapiro (2000) berichtet dies für 45% einer retrospektiven Analyse von Cauda Equina Patienten – sind kaum zu vertreten.

C.2.3.2.2 Progressives motorisches Defizit

Nicht als absolute, aber als dringliche Indikation zur chirurgischen Intervention wird die Ausbildung von progredienten Ausfällen funktionell wichtiger Muskeln angesehen. Obwohl die Feststellung, dass nach länger als drei Tage bestehender Parese keine Rückbildung mehr möglich ist, so nicht mehr gelten kann, ist dennoch in verschiedenen Untersuchungen ein deutlicher Zusammenhang zwischen kurzer Anamnesedauer und guter Rückbildung der Paresen erkennbar (Mohsenipour et al., 1993).

Beide oben genannten Konditionen, das Cauda Equina Kompressionssyndrom und progressive motorische Defizite sind unter allen Patienten mit Nervenwurzelkompressionssyndromen seltene Ereignisse. Unter 2000 Patienten, die im Zeitraum von vier Jahren an der Universitätsklinik Innsbruck wegen Bandscheibenvorfällen operiert wurden, bestanden lediglich bei 123 Patienten (entspricht ca. 6%) schwere Lähmungen von Kennmuskeln der Nervenwurzel L5, wobei das Segment L5 das am häufigsten von Bandscheibenvorfällen betroffene Segment ist (Mohsenipour et al., 1993). Die Häufigkeit der Cauda Equina Symptomatik ist mit 2% unter allen klinisch manifest werdenden Bandscheibenvorfällen noch seltener (Kostuik et al, 1986; Verbruggen, 1945 nach Ahn et al., 2000). Ahn et al. (2000) stellen zusammenfassend fest, dass weniger als 5% aller Patienten mit klinisch manifesten Bandscheibenvorfällen den Gruppen mit absoluter oder dringlicher Operationsindikation zuzurechnen sind.

C.2.3.2.3 Elektive Operationsindikation

Für die größte Gruppe der Patienten - mit Nervenwurzelkompression, aber ohne Cauda-Syndrom und ohne progressive motorische Dysfunktion - fehlt somit die klare Operationsindikation.

In Deutschland gebräuchliche Indikationsregeln für operative Eingriffe bei degenerativen Erkrankungen der Wirbelsäule (lumbales Wurzelkompressionssyndrom und spinale Stenose) sind den von der Deutschen Gesellschaft für Orthopädie und Traumatologie, der Deutschen Gesellschaft für Neurochirurgie und der Deutschen Gesellschaft für Physikalische Medizin und Rehabilitation herausgegebenen Leitlinienpublikationen zu entnehmen.

Methodisch gehören die Leitlinien aller drei Fachgesellschaften zu den sogenannten "Stufe 1" Leitlinien (s. auch http://www.uni-duesseldorf.de/WWW/AWMF/). Die Inhalte wurden von einer Expertengruppe innerhalb der Fachgesellschaft erarbeitet und vom Vorstand verabschiedet. Eine systematische Unterlegung der ausgesprochenen Empfehlungen mit der entsprechenden Evidenz aus klinischen Studien erfolgt nicht. In der Leitlinie der Gesellschaft für Orthopädie und Traumatologie werden einige Schlüsselreferenzen genannt, die Leitlinie der Gesellschaft für Neurochirurgie wird in Form eines Algorithmus ohne Verweise auf Literatur dargeboten. Alle drei Leitlinien ziehen bei der Definition des Störungsbildes anamnestische Angaben, klinische Befunde und die Ergebnisse bildgebender Verfahren heran. Die Leitlinien der Orthopädie/Traumatologie und der Physikalischen Medizin umfassen nur bandscheibenbedingte Nervenwurzelkompressionen, während die Definition der neurochirurgischen Leitlinie auch die Kompression der Nervenwurzel durch knöcherne Strukturen beinhaltet.

Tabelle 9: Indikationsstellung zum bandscheibenchirurgischen Eingriff nach den Leitlinien deutscher Fachgesellschaften.

Leitlinie: Bandscheibenvorfall; Deutsche Gesellschaft für Physikalische Medizin und Rehabilitation, 1997	
Operationsindikation (ohne Abstufung)	Progredienz der Symptome, therapieresistente Schmerzsymptomatik
Leitlinie: Degenerative lumbale Nervenwurzelkompression; Deutsche Gesellschaft für Neurochirurgie, 1999	

Fortsetzung Tabelle 9

Notfalloperation	Cauda-Syndrom, frisch aufgetretene hochgradige Lähmungen drohender Wurzeltod (komplette motorische und sensorisch Ausfälle ohne Schmerzen)
Operation	Lähmungen, zunehmende Sensibilitätsstörungen, Massenvorfall (ggf. mit knöcherner Enge), große(r) Sequester (ggf. mit knöcherner Enge)
Leitlinie: Bandscheibenbedingte Ischialgie; Dtsch. Gesellsch. F. Orthop. u. Traumatologie, 98	
absolute Operationsindikation	Cauda-Syndrom
dringliche Operationsindikation	funktionell stark beeinträchtigende / zunehmende Paresen
Operationsindikation	orientiert sich an den Kriterien: Schmerzen, Leidensdruck; neurologische Symptomen; Therapieresistenz gegen konservative Maßnahmen. Vorgehen nach Stufenschema: Stufe 1 ambulant: Beratung, analgetische und / oder antiphlogistische Medikamente, Physiotherapie; lokale orthopädische Schmerztherapie (Injektionstherapie) Stufe 2 ambulant / stationär: Epidurale Injektionen, physikalische Therapie, Krankengymnastik Stufe 3 stationär: Operation, ggf. Chemonukleolyse

Die wenig detaillierten Ausführungen in diesen Publikationen deuten an, worin eines der zentralen Probleme bei der Beschreibung des adäquaten Einsatzes von bandscheibenchirurgischen Eingriffen liegt: Einerseits wird festgestellt, dass ein großer Teil der schlechten Operationsergebnisse (Postdiskektomiesyndrom) auf eine falsche Indikationsstellung zurückzuführen ist, andererseits fehlen in den Leitlinienpublikationen differenzierte Angaben zu den entsprechenden Auswahlkriterien. Lediglich die Leitlinie der Deutschen Gesellschaft für Orthopädie und Traumatologie deutet in den Empfehlungen für die elektive Indikation ein Vorgehen nach einem Stufenschema an und betont (in der Tabelle nicht aufgeführt) die Bedeutung, Präferenzen und Lebenskontext des Patienten bei der Entscheidung für oder gegen einen operativen Eingriff zu berücksichtigen (Krämer und Ludwig, 1999).

C.2.3.3 Operationshäufigkeiten in Deutschland

Die unseres Wissens einzigen Daten zur Epidemiologie von Bandscheibenoperationen sind in der Arbeit von Kast et al. (2000) publiziert. Ziel der Auswertungen war die Abschätzung der Inzidenz von Bandscheibenoperationen bezogen auf die Bevölkerung in Deutschland sowie die Darstellung der zeitlichen Entwicklung der Operationshäufigkeit - vor dem Hintergrund, dass insbesondere in den USA zumindest während der 80er und frühen 90er Jahre ein beständiges Ansteigen zu verzeichnen war (Davis H, 1994).

Datengrundlage für die Auswertungen waren:

- Jahresstatistiken des Statistischen Bundesamtes, die alle stationär durchgeführten Operationen, aufgeschlüsselt nach Diagnosen (ICD 9), die stationäre Aufenthaltsdauer, Alter, Geschlecht, Kassenart und Bundesland enthalten. Aus diesen Daten nicht ersichtlich ist der Anteil von Patienten die mehrfach pro Jahr operiert wurden.
- BMG (Bundesministerium für Gesundheit): AU-Daten nach Diagnose (ICD-9)
- Zentralinstitut für die kassenärztliche Versorgung: Daten zu ambulanten Operationen (EBM-Schlüssel)
- Verband Deutscher Rentenversicherungsträger: Daten zur Inanspruchnahme von Reha-Maßnahmen und Rentenzugänge.

Die Daten wurden bezogen auf ebenfalls vom Statistischen Bundesamt zur Verfügung gestellte Bevölkerungsdaten, differenziert nach Altersgruppen, Geschlecht, Kassenart und Bundesland.

Die berichteten Ergebnisse beziehen sich auf den Beobachtungszeitraum von 1993 bis 1996. In diesem Zeitraum wurden insgesamt 60.000 stationäre Operationen / Jahr bei "Dorsopathie " (ICD 720-724) durchgeführt, was einer rohen Rate von 73,8 /100.000 Einwohner und Jahr entspricht.

Für intervertebrale Diskopathien allein (ICD 722) betrugen die entsprechenden Zahlen 49.000 bzw. 61 / 100.000 Einwohner und Jahr. Eine weitere Differenzierung in zervikale und lumbale Eingriffe ist anhand des vorliegenden Datenmaterials nicht möglich. Das Geschlechtsverhältnis Frauen zu Männer betrug 1:1,17. Die Altersverteilung zeigte ein Maximum in der Altersgruppe 46-55 Jahre, das durchschnittliche Alter betrug bei Frauen 51,6 und bei Männern 48,5 Jahre.

Im ambulanten Bereich wurde, bezogen auf die GKV Versicherten, für 1996 eine Inzidenz der bandscheibenchirurgischen Eingriffe von 14 /100.000 Versicherte ermittelt. In den Jahren 1992 und 1994 betrugen diese Werte 6,6 bzw. 10,5 / 100.000 - im Verlauf von vier Jahren zeigte sich somit eine Verdoppelung der Operationszahlen. Ambulante und stationäre Zahlen zusammengefasst ergaben für 1993 eine Inzidenz von chirurgischen Eingriffen bei degenerativen Wirbelsäulenerkrankungen von 81 / 100.000 und für 1996 86 / 100.000, d.h., eine statistisch signifikante Häufigkeitszunahme ist nicht zu verzeichnen. Allerdings können diese zusammengefassten Zahlen nur für die gesamte Diagnosegruppe "Dorsopathien" ermittelt werden, nicht für Diskopathien. Im internationalen Vergleich liegen diese Zahlen im Mittelfeld. Deutlich höhere Operationsraten werden für die USA berichtet (192/100000 in 1990 - Davis et al., 1994).

Bei den Rentenneuzugängen wegen Erwerbsminderung betrug der Anteil der Patienten mit Diskopathien 6% (bei insgesamt 19% Patienten mit Dorsopathien).

Sozioökonomische Aspekte:

Folgende Abrechnungsziffern des einheitlichen Bewertungsmaßstabes werden zur Abrechnung von operativen Eingriffen bei degenerativen Erkrankungen der lumbalen Wirbelsäule herangezogen:

Tabelle 10: Abrechnungsziffern für bandscheibenchirurgische Eingriffe

Ziffer	Beschreibung	Punkte
2390	Chemonukleolyse einer Bandscheibe, einschl. Bildwandlerkontrolle	1800
2391	Operative Therapie eines Bandscheibenvorfalls in zwei oder drei Segmenten, ggf. mikrochirurgisch, ggf. einschl. Fensterung oder (Teil)-resektion des Wirbelbogens, Nervenwurzellösung(en), Prolapsabtragung(en) und/oder Bandscheibenausräumungen	3000
2392	Operative Therapie eines Bandscheibenvorfalls in einem Segment, ggf. mikrochirurgisch, ggf. einschl. Fensterung oder (Teil-)resektion des Wirbelbogens, Nervenwurzellösung(en), Prolapsabtragung(en) und/oder Bandscheibenausräumungen	3000
2393	Zuschlag zu den Leistungen aus 2391 oder 2392 für zusätzlich stabilisierende operative Maßnahmen wie Implantation von autologem oder alloplastischem Material	800

Die Anzahl der im Laufe des Jahres 1998 in Deutschland durchgeführten Eingriffe (im ambulanten und belegärztlichen Bereich) entsprechen in der Größenordnung denen des Jahres 1996.

Tabelle 11: Häufigkeit von bandscheibenchirurgischen Eingriffen (KBV, persönliche Mitteilung)

Arztgruppe	**Ziffer**			
	2390	**2391**	**2392**	**2393**
Gesamt	416	6210	1241	1048
Neurochirurgie	31	4468	780	850
Orthopädie / ohne Schwerpunkt	289	1135	315	72
Orthopädie / Schwerpunkt Rheumatologie	77	306	34	14
Andere	19	301	112	112

Die Zahlen deuten die nicht unerhebliche ökonomische Relevanz der Verfahren an: bei einem angenommenen durchschnittlichen Punktwert von DM 1 ergeben sich Gesamtkosten von ca. 24 Millionen DM nur für die Abrechnung der Eingriffe zulasten der GKV im ambulanten und belegärztlichen Bereich. Dies entspricht einem Anteil von weniger als 20% aller durchgeführten Eingriffe.

C.3 Forschungsfragen

Mit diesem HTA-Bericht werden folgende Forschungsfragen bearbeitet:

1. Wie ist die Wirksamkeit der folgenden Verfahren vergleichend einzuschätzen:
   - die offene Diskektomie
   - die Mikrodiskektomie
   - perkutane Diskektomieverfahren (inkl. Laser- und Endoskopietechniken)
   - Chemonukleolyse (als intermediäres Verfahren zwischen konservativen und chirurgischen Therapieansätzen)?
2. Wie können die in den existierenden Leitlinien und Empfehlungen ausgesprochenen Hinweise zur Indikationsstellung verfeinert werden und zu einer transparenteren Selektion von Patienten mit Operationsindikation führen? Hierbei sind folgende Aspekte besonders zu beachten:
   - Patientencharakteristika (z.B. Alter, Geschlecht, Beruf, sozialer Status)
   - Erkrankung (z.B. Schweregrad, Dauer, Beeinträchtigung, Komorbidität, psychische Verfassung).

C.4 Methoden

C.4.1 Datenquellen und Recherchen

Die Recherchestrategie wurde in Anlehnung an allgemein akzeptierte "Evidenzhierarchien", wie zum Beispiel die des Centre for Evidence-based Medicine in Oxford konzipiert.

Tabelle 12: Levels of Evidenz für Therapie (nach Phillips et al., 2001; Ü. d. A.)

Level	Therapie / Prävention, Ätiologie, unerwünschte Wirkungen
1a	Systematischer Review von RCTs, (mit homogenen Ergebnissen*)
1b	Einzelne(r) RCT(s) (mit engem Konfidenzintervall)
1c	"Alle oder keiner"§
2a	Systematischer Review von Kohortenstudien, (mit homogenen Ergebnissen*)
2b	Einzelne Kohortenstudie(n) (inklusive methodisch schwache RCTs, z.B. Follow-Up ≤ 80%
2c	"Outcomes" Forschung; Ökologische Studien
3a	Systematischer Review von Fall-Kontrollstudien, (mit homogenen Ergebnissen*)
3b	Einzelne Fall-Kontrollstudie
4	Fallserien (und methodisch schwache Kohorten- oder Fall-Kontrollstudien §§)
5	Expertengutachten ohne kritische Literaturbewertung bzw. auf physiologischen Annahmen oder Daten aus der Grundlagenforschung

Legende:

*Homogenität meint, dass die Ergebnisse der in den Review eingeschlossenen Einzelstudien keine extreme Variation in Ausprägung und Richtung aufweisen

§Bezieht sich auf das Studienergebnis: bei einer vormals für alle Erkrankten tödlichen Erkrankung überleben unter der neuen Therapie wenigstens einige Patienten oder an einer vormals für einige Patienten tödlichen Erkrankung stirbt jetzt keiner mehr.

§§ Methodisch schwache Kohortenstudien: uneindeutig definierte Studienpopulation(en) und/oder Outcomemessung in exponierter und nicht-exponierter Gruppe nicht gleich und/oder keine Identifizierung bzw. Adjustierung für bekannte Confounder und/oder Nachbeobachtungsdauer zu kurz oder unvollständig. Methodisch schwache Fall-Kontrollstudien: unklar definierte Vergleichsgruppen und/oder Expositions- / Outcomemessung bei Fällen und Kontrollen nicht gleich und/oder keine Identifizierung bzw. Adjustierung für bekannte Confounder.

Im ersten Ansatz wurde primär nach HTA-Berichten und evidenzbasierten Leitlinien (mit integrierten systematischen Informationszusammenfassungen), nach systematischen Reviews, nach RCTs, die nach Redaktionsschluss für die Reviews publiziert wurden und - als Sonderfall der Klasse 2-Evidenz - nach Registerstudien recherchiert.

Die Literaturrecherche gliederte sich in vier Abschnitte:

1. Berichte von HTA-Institutionen: Eine Suche nach HTA-Berichten zum Thema "Operative Eingriffe bei bandscheibenbedingten Rückenschmerzen und Radikulopathien" in Publikationslisten (gedruckt oder elektronisch) aller relevanten HTA-

Einrichtungen wurde zu Projektbeginn vorgenommen und bis Dezember 2000 aktualisiert.

2. Elektronische Literaturdatenbanken: Nach HTA-Berichten, Übersichtsartikeln (systematischen Reviews und Metaanalysen) sowie evidenzbasierten Praxisleitlinien wurde in den Datenbanken MEDLINE (mit Premedline), Health Star, der Cochrane Library, der ISTAHC-Datenbank und den nationalen und internationalen Leitliniendatenbanken (unter Verwendung der Links der Ärztlichen Zentralstelle Qualitätssicherung (ÄZQ): http://www.azq.de) recherchiert. Eine Recherche nach Primärstudien wurde nur für den Publikationszeitraum 1999/2000 (nach Redaktionsschluss für den HTA-Bericht des schwedischen HTA-Institutes SBU) durchgeführt.

Suchbegriffe und Strategien für alle Datenbankrecherchen sind im Anhang dokumentiert.

3. Handsuche: Die Zeitschrift "Spine" als das relevante Publikationsorgan für Wirbelsäulenerkrankungen und -chirurgie wurde für die Jahrgänge 1999 bis 2001 per Hand durchsucht. Dabei wurde nicht nur Wert auf das Auffinden von (randomisierten) kontrollierten Studien zur Bandscheibenchirurgie gelegt, sondern insbesondere auch auf die sorgfältige Durchsicht von Kommentaren, Diskussionsbeiträgen und Kongressmitteilungen, um - bei Verzicht auf weitere elektronische Datenbankrecherchen - keine Diskussion von möglicherweise relevanten, methodisch hochwertigen Studien zu verpassen. Die Zeitschriften "Zentralblatt für Neurochirurgie" und "Zeitschrift für Orthopädie und ihre Grenzgebiete" wurden für die Jahrgänge 2000/2001 ebenfalls per Hand durchsucht, um keine relevante Publikation oder Diskussion aus dem deutschsprachigen Raum zu übersehen.

4. Schwedisches Register für Rückenchirurgie: Auf eine schriftliche Anfrage hin wurde vom schwedischen Register der Jahresbericht für das Jahr 1999 zur Verfügung gestellt. Das schwedische Register ist weltweit das einzige flächendeckende Register für Rückenoperationen.

C.4.2 Bewertung der Informationen

Die aus den elektronischen Literaturrecherchen erhaltenen Publikationen wurden manuell nach folgenden Kriterien weiter selektiert:

- Aus Titel oder Abstract der Arbeit musste hervorgehen, dass die in den Forschungsfragen aufgeführte Aspekte in der Publikation behandelt wurden.

- Die Publikation sollte systematische Informationssynthesen enthalten (bei Primärstudien: randomisiertes, kontrolliertes Design).

- Es wurden nur Publikationen in englischer, französischer, deutscher oder niederländischer Sprache sowie mit englischsprachigen Abstracts berücksichtigt. (Ausnahme: Bericht des schwedischen Registers für Rückenchirurgie).

Reine gesundheitsökonomische Analysen wurden nicht berücksichtigt. Die Dokumentation der methodischen Qualität wurde anhand der Checklisten 1a, 1b und 2a der "German Scientific Working Group Technology Assessment for Health Care" vorgenommen (vgl. Anhang).

Die Ergebnisdarstellung erfolgt aufgrund der Komplexität und Heterogenität der aufgefundenen Arbeiten gesondert für jede Publikation. In der Diskussion werden die Einzelaussagen im Kontext zu den Forschungsfragen zusammengefasst und diskutiert.

C.5 Ergebnisse

Die Ergebnisdarstellung beginnt mit den systematischen Literaturübersichten, da sie die Basis für alle danach erschienenen HTA-Berichte bilden. Es folgt eine kurze Präsentation der Studien, die nach Redaktionsschluss für die Übersichten publiziert wurden. Die ebenfalls kurz gehaltene Darstellung der HTA-Berichte zeigt die Umsetzung der Reviewergebnisse in entscheidungsrelevante Kontexte. Das Beispiel des schwedischen Operationsregisters kann das Potential einer derartigen Informationsquelle nur andeuten, da erst Daten eines zweijährigen Beobachtungszeitraumes präsentiert werden können. Die Ergebnispräsentation schließt ab mit einer Übersicht über nationale und internationale Leitlinienempfehlungen zur Thematik.

Institution / Verfasser	Titel	Dokumenttyp	Jahr
Gibson JNA, Grant IC, Waddell G.	Surgery for lumbar disc prolapse (Cochrane Review).	Metaanalyse	1999
Stevens CD et al.	Efficacy of lumbar discectomy and percutaneous treatments for lumbar disc herniation.	systematischer Review	1997
Hoffmann RM et al.	Surgery for Herniated Lumbar Discs. A literature synthesis.	systematischer Review	1993
Boult M et al.	Percutaneous Endoscopic Laser Discectomy. Australian and New Zealand Journal of Surgery 70:475-479; 2000	systematischer Review	2000
Krugluger et Knahr	Chemonucleoloysis and automated percutaneous discectomy - a prospective randomised controlled comparison.	Primärstudie	2000
Burton et al.	Single-blind randomised controlled trial of chemonucleolysis and manipulation in the treatment of symptomatic lumbar disc herniation.	Primärstudie	2000
Waddell G et al.:	Surgical Treatment of Lumbar Disc Prolapse and Degenerative Lumbar Disc Disease. In: Nachemson A, Jönsson E (eds.): Neck and Back Pain: The Scientific Evidence of Causes, Diagnosis, and Treatment. Lippincott, Williams & Wilkins,	HTA-Bericht	2000
DIHTA	Danish Institute for Health Technology Assessment: Low Back Pain. Frequency Management and Prevention form an HTA Perspective.	HTA-Bericht	1999
SMM	Lumbalt skiveprolaps med rotaffeksjon. Behandlingsformer.	HTA-Bericht	2001
Jönsson & Strömquist	Uppföljning av Ländryggskirurgi i Sverige 1999 (Mai 2000)	Registerstudie	2000
CBO	Consensus Het Lumbosacrale Radikulaire Syndroom 1995	Konsensusstatements	1995
ANAES	Prise en Charge Diagnostique et Therapeutique des Lombalgies et Lombosciatique communes de moins de trois mois d'evolution. 2000	Leitlinie	2000
AHCA	Universe of Florida patients with low back pain or injury.	Leitlinie	1996
WSMA	Criteria for entrapment of a single nerve root	Leitlinie	1999
AAOS	Clinical guideline on low back pain	Leitlinie	1996

Im Folgenden werden die Übersichtsarbeiten nach den Gliederungspunkten

a) Dokumenttyp und Bezugsrahmen,

b) Konkrete Fragestellungen,

c) Methodik,

d) Ergebnisse und Schlussfolgerungen,

e) Abschließende Bewertung

vorgestellt. Die Hauptcharakteristika der Primärstudien werden tabellarisch zusammengefasst präsentiert und im Text erläutert. Zu den Leitlinien erfolgt eine kurze Erläuterung ihres Kontextes, die Empfehlungen sind tabellarisch dargestellt.

C.5.1 Systematische Literaturübersichten

C.5.1.1 Cochrane Review: Gibson JNA, Grant IC, Waddell G. Surgery for lumbar disc prolapse (Cochrane Review). In: The Cochrane Library, Issue 3, 2000.

a) Dokumenttyp und Bezugsrahmen

Ziel der Arbeit der Cochrane Collaboration ist die Schaffung einer verlässlichen Informationsgrundlage für Entscheidungen im Gesundheitswesen auf allen Ebenen. Erreicht werden soll dies durch das Verfassen, Aktualisieren und Verbreiten von Übersichtsarbeiten zur Wirksamkeit von medizinischen (im weitesten Sinne) Maßnahmen. Cochrane Reviews stellen nach den verbreiteten Hierarchien (z. B. Phillips et al. (2001); Bundesausschuss der Ärzte und Krankenkassen (2000)) Informationszusammenstellungen der höchsten Evidenzstufe bereit. Anlass für die Erstellung des vorliegenden Review war die Feststellung, dass ein Drittel der direkten Kosten für die Versorgung von Rückenschmerzpatienten zulasten chirurgischer Eingriffe geht – bei unklarer Evidenz für die Wirksamkeit (Clinical Standards Advisory Group - CSAG, 1994). Der vorliegende Review zu operativen Eingriffen bei lumbalen Diskushernien wurde zuletzt im Mai 2000 aktualisiert, es wurden Studien bis zum Publikationsdatum 31.12.99 eingeschlossen.

b) Konkrete Fragestellung

Konkrete Fragestellung für den vorliegenden Review war die Bewertung der Wirksamkeit von chirurgischen Verfahren zur Behandlung des lumbalen Bandscheibenvorfalls.

In neun bilateralen Vergleichen wurden klinische Wirksamkeit und Komplikationsraten von Behandlungsverfahren des Bandscheibenvorfalls beurteilt. Für jeden Vergleich lautete die Nullhypothese: es gibt keinen Unterschied in der klinischen Wirksamkeit und in der Inzidenz von unerwünschten Ereignissen.

Tabelle 13: Konkrete Fragestellungen des Cochrane Review: (nach Gibson et al., 2000)

1	Chemonukleolyse gegen Plazebo
2	Chemonukleolyse gegen Diskektomie
3	Diskektomie gegen "keine invasive Behandlung"
4	Standarddiskektomie gegen Mikrodiskektomie
5	Automatisierte perkutane Diskektomie gegen "keine invasive Behandlung"
6	Automatisierte perkutane Diskektomie gegen Diskektomie nach dem Standardverfahren
7	Laserdiskektomie gegen "keine invasive Behandlung"
8	Laserdiskektomie gegen Diskektomie
9	Laserdiskektomie gegen automatisierte perkutane Diskektomie

c) Methodik

Die zur Erstellung des Review verwendete Methodik folgt den Vorgaben der Cochrane Collaboration (Clarke et al., 2000). Vordefinierte Einschlusskriterien, Literatursuchstrategien, Datenextraktion und –synthese sowie die Ableitung von Schlussfolgerungen sind transparent dokumentiert und entsprechen allen Qualitätsanforderungen (s. Dokumentationsbögen im Anhang).

Um in die engere Wahl für einen Einschluss in den Review zu kommen, mussten die Studien folgende methodische und inhaltliche Kriterien erfüllen:

Methodisch: randomisierte oder quasi-randomisierte Studien (Zuordnungsmodus zu Studienarmen z.B. nach Geburtsdatum, alternierend o.Ä.)

Patienten: Mit Zeichen oder Symptomen eines lumbalen Bandscheibenvorfalls (mind. zwei von: Radikulopathie, positive Befunden in bildgebenden Verfahren, Therapieresistenz s. Tabelle "Characteristics of Included Studies" in Gibson et al., 2000), angestrebt wurde eine Einteilung der Patientengruppen nach Symptomdauer (< 6 Wochen, 6 Wochen - 6 Monate, > 6 Monate), nach Ansprechen auf konservative Therapieversuche und nach Pathoanatomie des Bandscheibenvorfalls (z.B. zentral, lateral, sequestriert).

Intervention: Chemonukleolyse oder chirurgische Behandlung des Bandscheibenvorfalls (Diskektomie, Mikrodiskektomie, automatisierte perkutane Diskektomie und Laserdiskektomie).

Patientennahe Outcomes: Heilung (Eigen- oder Arzturteil); postoperative Schmerzen, Funktion, gesundheitsbezogene Lebensqualität; Rückkehr an den Arbeitsplatz, Kosten; Notwendigkeit von Zweiteingriffen.

(Patho)physiologische Parameter: Wirbelsäulenbeweglichkeit, Rückgang der Nervenreizsymptomatik, Veränderungen der Muskelkraft, Veränderung von neurologischen Symptomen.

Frühe Komplikationen und Nebenwirkungen: Rückenmark- oder Cauda Equina-Läsionen, Dura- und / oder Nervenwurzelverletzungen, Infektionen, Gefäßverletzungen (inkl. Subarachnoidalblutungen), allergische Reaktionen auf Chymopapain, medizinische Komplikationen, Todesfälle.

Späte Komplikationen und Nebenwirkungen: chronische Schmerzen, veränderte Wirbelsäulenmechanik und/oder –instabilität, adhäsive Arachnoiditis, Nervenwurzeldysfunktion, Myelozele, rekurrenter Bandscheibenvorfall.

Studien, die diesen Kriterien entsprachen, wurden von zwei unabhängigen Bewertern unter drei Aspekten auf methodische Qualität überprüft: Concealment of Allocation (Grade A-C; A= klar erfüllt; B= unklar; C= klar nicht erfüllt), Drop-Outs, Intent-to-treat Analyse, verblindete Erfassung der Outcomes.

Datenextraktion: die primäre Datenextraktion umfasste alle berichteten Outcomes, für die Metaanalysen wurden im Anschluss solche selektiert, die in wenigstens fünf Studien berichtet wurden. Drei Outcomes wurden konsistent in allen Studien berichtet: Erfolgseinschätzung durch den Patienten, Erfolgseinschätzung durch den Arzt und die Erforderlichkeit eines Zweiteingriffs (als Surrogat für Therapieversagen). Zur Dichotomisierung wurden die Einschätzungen "excellent", "good" und "fair" als erfolgreich und die Einschätzungen "poor", "unimproved" und "worse" als erfolglos zusammengefasst. Für alle Studien wurden Odds Ratios und 95% Konfidenzintervalle berechnet, das statistische Zusammenführen der Ergebnisse von klinisch vergleichbaren Studien wurde mithilfe sowohl des "fixed effects" als auch des "random effects" (konservativerer Schätzer, berücksichtigt mehr Variabilität zwischen den Einzelstudien) Modells vorgenommen.

d) Ergebnisse und Schlussfolgerungen

Insgesamt entsprachen 27 Studien den Einschlusskriterien.

Methodische Qualität:

Viele Studien wiesen methodische Probleme auf. Hierzu gehörten: kleine Fallzahlen, schlecht oder gar nicht beschriebene Randomisierung und die unverblindete Erhebung von Outcomes (häufig nur eine grobe Einschätzung des Operationserfolges durch den Operateur oder dessen Mitarbeiter bzw. durch den Patienten selber). Lediglich fünf der 27 Studien berichten die für chirurgische Studien empfohlenen Zweijahresergebnisse, zwei Studien auch Zehnjahresergebnisse. Generell müssen diese methodischen Mängel als mögliche Quellen für systematische Fehler gelten. Die Schlussfolgerungen des Review beruhen überwiegend auf Ergebnissen nach sechs- oder zwölfmonatiger Beobachtungsdauer. Bei der Durchführung der Metaanalyse wurde für viele Vergleiche statistische Heterogenität gefunden, die dazu führte, dass zum Zusammenfassen der Ergebnisse konservativ schätzende "Random Effects Modelle" verwendet werden mussten. Die Autoren vermuten die Heterogenität bedingt durch die unterschiedlichen Patientencharakteristika der Studienpopulationen.

Die von den Reviewautoren intendierte Einteilung der Patientengruppen nach Symptomdauer, Ansprechen auf konservative Therapieversuche oder Art des Bandscheibenvorfalls bzw. Indikation musste aufgegeben werden, da entsprechende Daten nur den allerwenigsten Studien zu entnehmen waren. Ebenso konnte keine Auswertung der Angaben zu Komplikationsraten vorgenommen werden - die niedrigen Patientenzahlen in den klinischen Studien bedingten eine zu niedrige statistische Power für die Auswertung der seltenen Ereignisse. Somit konnte nur die in den neun Vergleichen intendierte Beurteilung der "Wirksamkeit" vorgenommen werden.

Ergebnisse: Chymopapainnukleolyse gegen Plazebo (Hauptergebnisse)

Zu dieser Fragestellung konnten die Ergebnisse von fünf Studien mit insgesamt 446 eingeschlossenen Studienteilnehmern analysiert werden. Da es sich bei den Zielgrößen um negative Outcomes handelt (Misserfolge ("poor", "unimproved", "worsened") Notwendigkeit weiterer Interventionen), deuten ORs <1 auf die Überlegenheit der jeweils erstgenannten Methode (hier: Chymopapain). D. h., unter Chymopapain ist die Wahrscheinlichkeit, dass ein Operationsergebnis als Misserfolg gewertet wird, geringer als unter Plazebo.

Tabelle 14: Hauptergebnisse des Cochrane Review: Chymopapain vs. Plazebo (nach Gibson et al., 2000)

Outcome	Studien (Patienten)	gepooltes Ergebnis
Globaleinschätzung "Misserfolg" Patientenurteil Nachbeobachtungsdauer: ≥ 12 Monate	2 (168)	OR 0,24 95% KI 0,12-0,49 random effects model
Globaleinschätzung "Misserfolg", Untersucherurteil Nachbeobachtungsdauer: 3-12 Monate	5 (446)	OR 0,40 95% KI 0,21-0,75 random effects model
chirurgische Diskektomie erforderlich Nachbeobachtungsdauer: 6-24 Monate	5 (432)	OR 0,41 95% KI 0,25-0,68 random effects model

Diese Hauptergebnisse werden bestätigt in 17 weiteren Analysen zu anderen Erhebungszeiträumen, wobei allerdings jeweils nur die Ergebnisse einer Studie bzw. gepoolte Ergebnisse aus zwei Studien präsentiert werden können. Die Überlegenheit der Chemonukleolyse gegenüber der Plazebobehandlung lässt sich tendenziell bis zu einem Beobachtungszeitraum von 10 Jahren verfolgen (Gogan et al., 1992).

Ergebnisse: Diskektomie gegen Chemonukleolyse (Hauptergebnisse)

Auch zu diesem Vergleich entsprachen fünf Studien mit insgesamt 680 Patienten den Einschlusskriterien. Alle Studien wiesen eine tendenziell niedrigere methodische Qualität auf, bedingt durch unvollständige Dokumentation des Randomisierungsverfahrens und die, durch die Art der Interventionen bedingte, Unmöglichkeit der Verblindung. Auch hier deuten ORs <1 wieder eine geringere Wahrscheinlichkeit für ein ungünstiges Ergebnis bei Einsatz des erstgenannten Verfahrens an. Beinhaltet das 95% Konfidenzintervall, welches den OR umgibt, den Indifferenzwert 1, muss das Ergebnis als statistisch nicht signifikant (auf dem 5% Niveau) interpretiert werden.

Tabelle 15: Hauptergebnisse des Cochrane Review: Diskektomie vs. Chemonukleolyse (nach Gibson et al., 2000)

Outcome	Studien (Patienten)	gepooltes Ergebnis
Globaleinschätzung "Misserfolg", Patienten Nachbeobachtungsdauer: 1 Jahr	2 (180)	OR 0,61 95% KI 0,30-1,24 random effects model
Globaleinschätzung "Misserfolg", Untersucher; Nachbeobachtungsdauer: 1 Jahr	3 (561)	OR 0,37 95% KI 0,13-1,05 random effects model
chirurgische (Re)Diskektomie erforderlich Nachbeobachtungsdauer: 6-24 Monate	4 (322)	OR 0,07 95% KI 0,02-0,18 random effects model

Neben diesen Ergebnissen wurde weiterhin gefunden: Keine Unterschiede in den Erfolgsraten beim Vergleich zweier Dosen von Chymopapain (Benoist, 1993), beim Vergleich von Chymopapain und Kollagenase (Hedtmann, 1992) bzw. beim Vergleich von Chymopapain mit Steroidinjektionen (Bourgois, 1988; Bontoux, 1990). Die Autoren des Review vermuten, dass die Ergebnisse einer kleinen Studie (n=30 Teilnehmer), in welcher mit Kollagenasechemonukleolyse im Vergleich zu Plazebo günstigere Ergebnisse erzielt wurden, aus methodischen Gründen nicht verlässlich sind (Bromley et al., 1984).

Ergebnisse: Diskektomie nach dem Standardverfahren gegen Plazebo

Zu diesem Vergleich wurde lediglich eine randomisierte Studie ermittelt (Weber et al., 1983). Patienten mit lumbalem Bandscheibenvorfall, aber ohne dringende Operationsindikation wurden randomisiert entweder der chirurgischen oder der konservativen Therapie (mit anschließender Diskektomie bei fehlender klinischer Besserung) zugeteilt. Die Ergebnisse wurden ein, vier und zehn Jahre nach Studieneinschluss erhoben. Für die Gruppe der operierten Patienten fanden sich bessere Ergebnisse nach einem Jahr (Globaleinschätzung durch Eigen- bzw. Fremdeinschätzung (OR 0,38 95% KI 0,14-0,99), nach vier und zehn Jahren waren keine statistisch signifikanten Unterschiede mehr nachweisbar.

Ergebnisse: Mikrodiskektomie gegen Standarddiskektomie

Drei Studien mit insgesamt 219 Patienten zum Vergleich von mikrochirurgischen Verfahren versus offener Diskektomie konnten, bei verlängerter Operationszeit wegen Verwendung des Operationsmikroskops, keine Unterschiede in der Häufigkeit von Blutungskomplikationen, der Krankenhausaufenthaltsdauer oder der Narbenbildung feststellen. Nur zwei (Lagarrigue, 1994; Henriksen, 1996) der drei Studien erhoben auch klinische Outcomes. Hier waren keine Unterschiede zwischen den beiden Verfahren festzustellen, weder in den klinischen Outcomes noch bei der postoperativen AU-Dauer.

Ergebnisse: Wirksamkeit von Interpositionsmembranen zur Verhinderung der Bildung von Narbengewebe

Diese Fragestellung wurde bisher in drei Studien mit uneinheitlichen Ergebnissen untersucht. Zielgröße war die Ausdehnung von Narbengewebe, visualisiert im MRT oder CT. Während die beiden älteren Arbeiten (MacKay, 1995 und Jensen, 1996) keinen Unterschied zwischen den Untersuchungsgruppen feststellen konnten, konnte eine kürzlich erschienene Multicenterstudie in den Untersuchungsgruppen, in denen ein Anti-Adhäsionsgel zur Anwendung kam, eine niedrigere Inzidenz von Narbenbildungen beobachten (Geisler et al., 1999).

Ergebnisse: Perkutane automatisierte Diskektomie versus Mikrodiskektomie

Diese Fragestellung wurde in zwei Studien untersucht, die Ergebnisse waren aufgrund der unterschiedlichen verwendeten Operationstechniken allerdings nicht direkt vergleichbar. Während eine Arbeit (Mayer et al., 1993) keine Unterschiede in den Ergebnissen der beiden Verfahren fand, aber feststellte, dass das perkutane Verfahren aufgrund anatomischer Gegebenheiten nur bei 10-15% der Patienten anwendbar ist, fand die andere Studie (Chatterjee et al., 1995) deutlich schlechtere klinische Outcomes im Vergleich zur Mikrodiskektomie (29% Erfolg versus 80%).

In einer Einzelstudie wurden zudem schlechtere Ergebnisse für das perkutane Verfahren im Vergleich zur Chemonukleolyse (Revel et al., 1993) gefunden. Eine andere Studie (Hermantin et al., 1999) fand weniger postoperative Beeinträchtigungen und einen niedrigeren Analgetikaverbrauch nach endoskopischer video-assistierter Mikrodiskektomie als nach dem offenen Standardverfahren.

Zur Wirksamkeitsbeurteilung der Laserdiskektomie lagen bis zum Redaktionsschluss für den Review noch keine Ergebnisse eines abgeschlossenen RCT vor.

Schlussfolgerungen:

Vor dem Hintergrund der oben angesprochenen methodischen Probleme, ziehen die Autoren des Cochrane Review folgende Schlussfolgerungen:

- Die Ergebnisse der publizierten RCTs erlauben keine evidenzbasierte Verfeinerung der Indikationsstellung zur Diskektomie. Hierzu wird auf zwei Übersichtsarbeiten von Hoffmann et al., (1993) und Stevens et al., (1997) (s.u.) verwiesen.

- Bei bestehender Operationsindikation zeigen die Ergebnisse randomisierter kontrollierter Studien, dass eine Chemonukleolyse mit Chymopapain zu besseren klinischen Ergebnissen führt als eine Plazebobehandlung. Die klinischen Kurzzeitergebnisse (bis 2 Jahre postoperativ) erscheinen dabei in der Tendenz (statistisch nicht signifikant) denen des chirurgischen Eingriffs unterlegen. Das Risiko für die Notwendigkeit eines Zweiteingriffes war unter Chymopapaintherapie deutlich höher. Angesichts der niedrigen Invasivität ist jedoch ein Einsatz als "semikonservatives" Verfahren denkbar. Bei korrekter Indikationsstellung wären möglicherweise ca. 70% aller erforderlichen chirurgischen Eingriffe vermeidbar, wobei zu berücksichtigen ist, dass die klinischen Ergebnisse eines offenen chirurgischen Eingriffes nach einer erfolglosen Chemonukleolyse schlechter sind als bei primär offenem chirurgischem Vorgehen.

- Die Daten der einzigen Studie, die in einer Gruppe mit nicht-dringlicher OP-Indikation einen direkten Vergleich von primär operativem Vorgehen mit primär konservativem Prozedere vornahm (Weber et al., 1983), zeigen, dass ein primär konservatives Vorgehen wohl zu einer Morbiditätsverlängerung führen kann, mittel- (4 Jahre) und langfristig (10 Jahre) jedoch keine Unterschiede zwischen den klinischen Outcomes der beiden Gruppen nachweisbar waren.

- Zum Vergleich der einzelnen operativen Verfahren wird festgestellt, dass die Ergebnisse der RCTs die Schlussfolgerung nahe legen, dass der mikrochirurgische Eingriff gegenüber dem offenen Eingriff vergleichbare klinische Resultate zeigt, wobei aus den vorliegenden Studien (RCTs) keine Aussagen zu Komplikationsraten gemacht werden können.

- Das Einbringen von Interpositionsmembranen beugt möglicherweise der exzessiven Bildung von Narbengewebe vor und führt zu besseren klinischen Outcomes. Dies wird von den Ergebnissen der neuesten, zu dieser Thematik durchgeführten Studie angedeutet, auch wenn eine Interpretation durch hohe Drop-out Raten und die im europäischen bzw. amerikanischen Studienarm verwendeten unterschiedlichen Outcomes erschwert wird.

- Bei nur moderater Evidenzlage wird festgestellt, dass die Wirksamkeit von perkutanen automatisierten Diskektomieverfahren derjenigen vom Standardeingriffen bzw. Chemonukleolysen wahrscheinlich unterlegen ist.

Für die Umsetzung in der klinischen Praxis schlagen die Autoren aufgrund der vorliegenden Studienergebnisse folgendes Vorgehen vor: Es kann davon ausgegangen werden, dass die chirurgische Entfernung von prolabiertem Bandscheibenmaterial für Patienten mit ischialgiformen Beschwerden, die sich gegenüber konservativen Therapieversuchen resistent gezeigt haben, klinische Besserung bewirkt. Die Entscheidung, ob ein mikrochirurgisches Vorgehen bzw. die offene Standardprozedur gewählt wird, sollte eher von der Ausbildung des Operateurs und der verfügbaren Ressourcen abhängig gemacht werden als von den Ergebnissen klinischer Studien. Zur Festlegung des optimalen Zeitpunktes für einen operativen Eingriff ist keine Evidenz aus qualitativ hochwertigen Studien verfügbar.

Die Literaturlage unterstützt die Bedeutung der Chemonukleolyse als intermediäre Therapieoption zwischen konservativem und chirurgischem Vorgehen. Die Indikationsstellung sollte die Wahrscheinlichkeit, einen invasiven chirurgischen Eingriff zu vermeiden, ebenso berücksichtigen wie mögliche Komplikationen.

Laserdiskektomien und perkutane automatisierte Verfahren sollten, bis zum Vorliegen weiterer Studienergebnisse als experimentelle Verfahren betrachtet werden.

Darüber hinaus wird von den Autoren des Review Forschungsbedarf formuliert:

Die methodische Qualität von RCTs aus dem chirurgischen Bereich weist noch Verbesserungspotential auf. Insbesondere sollten Kosten und Kosten-Wirksamkeitsaspekte bei zukünftigen Studien Beachtung finden.

Informationen fehlen außerdem: zur optimalen Indikationsstellung und zum Zeitpunkt für den Eingriff im Kontext einer Akut- und Langzeitversorgung von Bandscheibenerkrankungen; zur Rolle der Chemonukleolyse als Intermediärverfahren zwischen konservativem und invasivem Vorgehen; zur relativen klinischen Wirksamkeit und Kostenwirksamkeit von mikrochirurgischen versus offenen chirurgischen Eingriffen und zur Stellung der laserchirurgischen und perkutanen automatisierten Verfahren. Insbesondere besteht ein Bedarf an Langzeitstudien, um den Stellenwert des chirurgischen Eingriffs im Kontext des Spontanverlaufs des Krankheitsbildes klarzustellen.

e) Abschließende Bewertung

Die vorliegende Literaturübersicht wurde nach den Kriterien eines systematischen Review erstellt. Primäre Fragestellung des Review war die vergleichende Bestimmung der Wirksamkeit der verschiedenen Operationsverfahren bei Bandscheibenvorfall untereinander, im Vergleich zur Chemonukleolyse und im Vergleich zu nichtinvasivem Vorgehen. Zur Beantwortung dieser Fragestellungen wurde die Recherche konzipiert und die systematische Literaturanalyse durchgeführt. Patientengruppen, Verfahren und Zielgrößen der referierten Studien unterscheiden sich nicht von denen, die im bundesdeutschen Kontext relevant sind.

Die metaanalytische Zusammenfassung der Studienergebnisse wurde trotz festgestellter statistischer Heterogenität (lege artis im "Random Effects" Modell) vorgenommen. Obwohl die Autoren feststellen, dass die Heterogenität aus klinischer Sicht nicht relevant ist, denken wir, dass insbesondere die Ergebnisse des Vergleichs der Erfolge von Chemonukleolyse mit denen des offenen operativen Eingriffs aus klinische Sicht problematisch ist, da die Indikationsstellung für das eine oder das anderer Verfahren differieren.

Insgesamt sind die präsentierten Ergebnisse sind damit als richtungsweisend, für den oben erwähnten Vergleich aber mit Zurückhaltung zu interpretieren. Empfehlungen wie Ausweisung des Status eines Verfahrens als "experimentell" oder "noch nicht praxisrelevant" haben lokale Gegebenheiten zu berücksichtigen.

C.5.1.2 Stevens CD et al.: Efficacy of lumbar discectomy and percutaneous treatments for lumbar disc herniation 1997

a) Dokumenttyp und Bezugsrahmen

Steigende Zahlen von Bandscheibenoperationen, trotz engerer Indikationsregeln, geographische Variation in den Operationsraten (in den USA) und die Frage, ob operative Eingriffe bei Diskushernien (mit Ausnahme der Notfallindikationen) in den Leistungskatalogen von Managed Care Organisationen angeboten werden sollten, gaben Anlass zur Erstellung der vorliegenden systematischen Literaturübersicht. Die Ergebnisse werden von den Autoren im Kontext der amerikanischen Gesundheitsversorgung diskutiert. Die vorliegende Arbeit ist eine wissenschaftliche Literaturübersicht aus der Abteilung Sozial- und Präventivmedizin der Universität Lausanne (Seniorautor).

b) Konkrete Fragestellungen

Darstellung von Nutzen und Risiken der offenen lumbalen Diskektomie und perkutaner Behandlungsverfahren unter nicht-dringlicher Indikationsstellung.

c) Methodik

Publikationen für den Review wurden aus einer systematischen Datenbankrecherche (Medline von 1966 bis 1996, Current Contents bis 1996), der Durchsicht von Referenzlisten und Kontakten zur Cochrane Arbeitsgruppe "Muscular-Skeletal Disorders" erhalten. Die primär auf systematische Reviews, Metaanalysen, RCTs und große Fallserien (> 100 Patienten) fokussierte Recherche berücksichtigte auch andere Studientypen wenn klinisch relevante, in den präferierten Studien nicht beachtete Aspekte behandelt wurden. Insgesamt wurden 9 RCTs, 6 Metaanalysen und Review Artikel, eine evidenz-basierte Leitlinie, 38 Fallserien und 35 weitere Publikationen berücksichtigt. Außer der Zuordnung zum Studientyp wird keine weitere systematische Beurteilung der Studienqualität berichtet. Die Informationszusammenfassung erfolgt qualitativ-diskutierend.

d) Ergebnisse und Schlussfolgerungen

Die Darstellung der "Wirksamkeit - Efficacy" der verschiedenen Verfahren wird von den Autoren anhand der Ergebnisse aus den randomisierten Studien vorgenommen, welche ausnahmslos in dem oben präsentierten Cochrane Review von Gibson et al. referiert werden. Eine Darstellung erübrigt sich daher.

Auch Stevens et al. kommen zu der Schlussfolgerung (wie die Autoren des Cochrane Review), dass verwertbare Angaben zu den Auswirkungen von Patientencharakteristika auf das Operationsergebnis aufgrund kleiner Fallzahlen und lückenhafter Angaben aus den kontrollierten Studien nicht zu entnehmen sind. Hierzu werden die Ergebnisse der Fallserien herangezogen.

Aus 13 der ausgewerteten Fallserien wurden sechs Faktoren identifiziert, die deutlich mit einem guten Operationsergebnis nach offener Diskektomie assoziiert waren:

Tabelle 16: Patientencharakteristika assoziiert mit eher guter postoperativer Prognose (nach Stevens et al., 1997)

Prädiktoren für "günstige" postoperative Ergebnisse	Quellen
Beinschmerzen dominierend (über Rückenschmerzen)	Abramovitz et Neff, 1991; Manniche et al., 1994; Thorvaldsen et Sörensen, 1989
Zeichen der Nervenwurzelspannung (Lasègue+)	Herron et Turner, 1985; Abramovitz et Neff, 1991; Kosteljanetz et al., 1988; Hirsch et Nachemson, 1963; Hurme et Alaranta, 1987
Monoradikulopathie (klinisch nachgewiesen durch sensorisches oder motorisches Defizit bzw. Reflexabschwächung/-ausfall)	Spangforth, 1972; Abramovitz et Neff, 1991;
Abwesenheit von psychologischen Faktoren, die eine schnelle Genesung inhibieren	Herron et Turner, 1985; Spengler et al., 1990; Junge et al., 1995
kurze Dauer der präoperativen Arbeitsunfähigkeit	Dvorak et al., 1988; Junge et al., 1996; Waddell et al., 1986
Korrespondenz von klinischer Symptomatik mit präoperativem radiologischem Befund	Herron et Turner, 1985; Spengler et al., 1990; Abramovitz et Neff, 1991

Zwei Studien fanden bei Patienten mit diskordanten klinischen und radiologischen Befunden eine deutliche Assoziation mit ungünstigen postoperativen Ergebnissen (Thornbury et al., 1993; Modic et al., 1986). Der Einfluss der Beschwerdedauer auf das postoperative Ergebnis wurde in den Fallserien unterschiedlich beurteilt. Zwei Studien fanden eine maximale Beschwerdedauer von zwei bis drei Monaten assoziiert mit günstigeren Outcomes (Hurme et Alaranta, 1990; Weber H, 1983), in drei weiteren Arbeiten wurden selbst bei Patienten mit seit vier Monaten bis zu mehreren Jahren bestehenden Beschwerden nur geringfügig schlechtere Ergebnisse erzielt (Saal et Saal, 1989; Lewis et al., 1987; Spangforth, 1972).

Die Autoren kommen zu der Schlussfolgerung, dass die elektive Diskektomie auch in Leistungskatalogen von Managed Care Organisationen enthalten sein sollte - unter der Voraussetzung einer strengen Indikationsstellung (Patienten mit eindeutigen und kongruenten klinischen und radiologischen Befunden einer Nerveinklemmung sowie vorangegangenen konservativen Therapieversuchen). Daten zur weiteren Verfeinerung der Indikationsstellungen könnten aus einem (noch einzurichtenden) klinischen Register gewonnen werden.

e) Abschließende Bewertung

Die Ergebnisse der wissenschaftlichen Literaturübersicht sollten in die Diskussion und die Schlussfolgerungen einfließen. Aufgrund methodischer Probleme (fragliche Studienqualität, die auch im Zuge des HTA-Vorhabens durch Nachanalyse der von Stevens et al. eingeschlossenen Publikationen nicht geklärt wurde) sind die Ergebnisse in der vorliegenden Form jedoch ungeeignet als alleinige Grundlage für Entscheidungen mit erheblicher Tragweite.

C.5.1.3 Hoffmann RM et al.: Surgery for Herniated Lumbar Discs. A literature synthesis. 1993

a) Dokumenttyp und Bezugsrahmen

Bei der Arbeit von Hoffmann et al. handelt es sich um eine systematische Literaturübersicht zur Wirksamkeit und Komplikationsraten von bandscheibenchirurgischen Eingriffen. Für den 1993 erschienenen Artikel wurden Publikationen bis einschließlich 1991 berücksichtigt. Die Arbeit ist allerdings bisher (immer noch) die einzige, die studientypübergreifend zumindest Schätzungen von zu erwartenden Erfolgs-, Misserfolgs- und Komplikationsraten vornimmt. Ihre Ergebnisse sollen daher kurz vorgestellt werden.

Die vorliegende Arbeit ist eine wissenschaftliche Literaturübersicht aus der University of Washington, Seattle (Seniorautor). Sie wurde zum Teil gefördert aus Mitteln der Agency for Health Care Policy and Research (AHCPR).

b) Konkrete Fragestellungen

Die Literaturübersicht versucht 5 Fragestellungen im Zusammenhang mit bandscheibenchirurgischen Eingriffen zu beantworten:

- Charakterisierung der methodischen Qualität der verfügbaren wissenschaftlichen Evidenz;
- Abschätzung des Anteils "erfolgreicher" Operationsergebnisse;
- Identifikation von Prädiktoren für gute Operationsergebnisse;
- Abschätzung der Häufigkeit und der Gründe für Zweiteingriffe (Reoperationen);
- Bestimmung von Art und Häufigkeit von diskektomieassoziierten Komplikationen.

c) Methodik

Für die Literaturrecherche wurden Medline, Referenzlisten, Buchbibliographien und Arbeitsgruppenkontakte herangezogen. Die erste Selektion von Publikationen erfolgte allein unter inhaltlichen Kriterien (bandscheibenchirurgischer Eingriff, Outcome-, Komplikations- oder Reoperationsdaten). Im nächsten Schritt wurden die so erhaltenen Artikel durch zwei unabhängige Reviewer weiter selektiert nach: kontrollierte oder prospektive observationelle Studien; Stichprobengröße > 30 Personen, Alter ≥ 30 Jahre, Follow-Ups komplett für mindestens 75% der Untersuchungskohorte, Mindestdauer des Follow-Up von 12 Monaten. Ausgeschlossen wurden Artikel ohne Primärdaten, > 10% der Kohorte mit anderen Diagnosen als Diskushernie, atypische Subgruppen (z. B. weit lateral oder hoch lumbal gelegene Hernien), atypische oder kombinierte (mit Fusion) Operationsverfahren und vor 1966 publizierte Artikel.

Die Qualitätsbeurteilung (nach den Kriterien von Sackett (1989)) und die Datenextraktion aus den eingeschlossenen Studien wurden ebenfalls von zwei unabhängigen Beurteilern durchgeführt. Die Zusammenfassung von Studienergebnissen wurde in einem random-effects logistischen Regressionsmodell vorgenommen. Hierzu wurde studienübergreifend ein gutes "Overall"-Outcome definiert als:

- ischialgiforme Beschwerden beseitigt bzw. nur selten und leicht auftretend
- keine oder nur minimale Einschränkungen der physischen Aktivität bzw. Rückkehr an den Arbeitsplatz

Ergebnisse: Insgesamt erfüllten 81 Studien die Einschlusskriterien (von denen 67% in der Medlinedatenbank registriert waren). In 19 Studien wurden Vergleiche von mehreren Verfahren vorgenommen, so dass bei einzelner Auswertung aller Behandlungsgruppen insgesamt die Ergebnisse von 81+19=100 Kohorten ausgewertet werden konnten. Sie verteilten sich wie folgt auf die Studientypen:

Tabelle 17: Beobachtungskohorten in der Metaanalyse von Hoffmann et al., 1993; Operationsverfahren und Studientyp

Verfahren	**Kontrollierte Studien (je 2 Kohorten)**	**Fallserien**
Standarddiskektomie	9 x Vergleich mit Mikrodiskektomie 5 x Vergleich mit Chymopapain 3 x Vergleich mit konservativer Behandlung	39
Mikrodiskektomie	2 x Vergleich mit Chemonukleolyse	13
Perkutane Diskektomie		10

Bewertet nach der Evidenzhierarchie von Sackett et al. (1989) (vgl. auch Tabelle 12 - überarbeitete und ergänzte Version der Sackett-Tabelle) erfüllten zwei Studien die Anforderungen an Klasse 1-Evidenz, sieben Studien konnten Klasse 3- und zehn

Studien Klasse 4-Evidenz zugeordnet werden. Die verbleibenden 62 Studien waren Fallserien und damit der Evidenz-Klasse 5 zuzuordnen.

Die Ergebnisse der beiden RCTs sollen hier nicht weiter vertieft werden - ihre Daten sind in den oben darstellten Cochrane Review eingegangen. Von den übrigen Studien enthielten 20 ausreichend Angaben zur Bestimmung des Anteils erfolgreicher Eingriffe. Für die einzelnen Interventionsarten wurden folgende gepoolte Ergebnisse gefunden:

Tabelle 18: Anteil erfolgreicher Operationsergebnisse in Fallserien (Metaanalyse Hoffmann et al., 1993)

Verfahren / n Studien	Ergebnis: % Erfolg (95% KI)
Standarddiskektomie / n=11	67% (54% - 80%)
Mikrodiskektomie / n=5	79% (71% - 94%)
Perkutane Diskektomie / n=4	71% (58% - 81%)

Aus insgesamt 18 Studien konnten Angaben zu Reoperationsraten entnommen werden. Allerdings waren die durchschnittlichen Nachbeobachtungsdauern so heterogen, dass kein gepooltes Ergebnis errechnet werden konnte. Für die perkutanen Verfahren wurden deutlich höhere Reoperationsraten gesehen als für die anderen Verfahren. Insbesondere ist bei diesen Verfahren auch der Anteil der Reoperationen im selben Bandscheibenfach deutlich höher (83% vs. 49% (Standardverfahren) und 64% (Mikrodiskektomie)).

Wie oben bereits zitiert, konnte in einer Regressionsanalyse mit "Studie" als Untersuchungseinheit keine klinische Variable identifiziert werden, die den Operationserfolg prädiziert.

Zur Häufigkeit des Auftretens unerwünschter Wirkungen wurden die Angaben aus insgesamt 90 Kohorten ausgewertet. Wie ebenfalls schon zitiert, waren die Raten an schweren Komplikationen niedrig. Die Mortalität betrug weniger als 0,15%, die Raten an tiefen Infektionen und bleibenden Nervenschädigungen lagen ebenfalls unter 1%, die Raten an Phlebothrombosen, Wundinfektionen und Diszitiden lag unter 2% (vgl. Tabelle 5).

d) Ergebnisse und Schlussfolgerungen:

Auch von den Autoren dieser Übersicht wird der schlechte methodische Standard der publizierten Studien zur Wirksamkeit der Diskektomieverfahren beklagt. Ihre Schlussfolgerungen ziehen die Autoren aus den Ergebnissen der beiden RCTs: etwa bei 75% aller operierten Patienten kann nach einem Jahr ein erfolgreiches Ergebnis festgestellt werden und, für diesen relativ kurzen Zeitraum sind die Ergebnisse der Standarddiskektomie denen der konservativen Therapie bzw. denen der Chymopapainnukleolyse überlegen. Vor dem Hintergrund der Ergebnisse des RCTs von Weber (1983) schließen die Autoren allerdings, dass auch bei primär konservativem Vorgehen langfristig günstige Ergebnisse zu erwarten sind. Die Indikationsstellung hat daher individuell und unter expliziter Berücksichtigung der Patientenperspektive zu erfolgen.

Forschungsbedarf sehen die Autoren bei der Evaluation der neueren Verfahren (Mikrodiskektomie und perkutaner Diskektomie) und bei der Weiterentwicklung der methodischen Studienqualität. Hier wird gefordert am Studiendesign und an der Entwicklung einheitlicher Outcomekriterien und ihrer Erfassung zu arbeiten, um die Ergebnisse zukünftiger Studien valide und vergleich- bzw. generalisierbar zu machen.

e) Abschließende Bewertung

Bei der vorliegenden Arbeit handelt es sich um einen methodisch-qualitativ hochwertigen Review. Die Ergebnisse im Bereich RCT von 1993 müssen als überholt angesehen werden, sie sind quasi mit Erscheinen der Metaanalyse von Gibson et al. (2000) aktualisiert. Der Review von Hoffmann ist jedoch die einzige uns bekannte Übersichtsarbeit, die eine systematische Auswertung auch der Literatur der niedrigeren Evidenzklassen vornimmt. Hier können wertvolle Informationen (z.B. zur Häufigkeit von Komplikationen) und Hinweise für die Diskussion abgeleitet werden.

C.5.1.4 Boult M et al.: Percutaneous Endoscopic Laser Discectomy. 2000

a) Dokumenttyp und Bezugsrahmen

Bei der vorliegenden Arbeit handelt es sich um eine systematische Literaturübersicht zur Wirksamkeit (efficacy) und Sicherheit der perkutanen endoskopischen Laserdiskektomie (PELD). Die Übersicht ist Bestandteil eines HTA-Berichtes der australischen HTA Behörde ASERNIP-S (Australian Safety and Efficacy Register of New Interventional Procedures – Surgery). ASERNIP-S nimmt Bewertungen von neuen chirurgischen Prozeduren unter Wirksamkeits- und Sicherheitsaspekten vor, wobei hauptsächlich die Ergebnisse von Studien, die in Peer Review Journals publiziert wurden, zugrunde gelegt werden. Basierend auf diesen Auswertungen spricht ASERNIP-S Empfehlungen zum Technologieeinsatz aus. Diese können die Empfehlung zum breiten Einsatz, den Einsatz unter Studienbedingungen bzw. die vorläufige Zurückstellung der Technologie bis zum Vorliegen von weiteren Studienergebnissen umfassen.

b) Konkrete Fragestellungen

Konkrete Zielsetzung der Literaturübersicht war die Auswertung der Literatur zur Wirksamkeit und Sicherheit der PELD im Vergleich zur Standarddiskektomie bei elektiver Operationsindikation (kein Cauda-Syndrom, kein progressives motorisches Defizit).

c) Methodik

Die Themenbearbeitung erfolgte nach einem für ASERNIP-S charakteristischen Reviewprozess, in welchem inhaltliche Aspekte von einem Fachgebietsexperten (hier neurochirurgischen Reviewer), die methodischen Aspekte von einem Wissenschaftler des HTA-Institutes bearbeitet werden (vgl. http://www.surgeons.org/open /asernip-s.htm). Auf dem Boden solchermaßen aufbereiteter Informationen werden die Schlussfolgerungen in einer von ASERNIP-S geleiteten Konferenz verabschiedet, in welcher neben Fachgebietsexperten auch Methodiker ein Stimmrecht haben. Umgesetzt werden die Beschlüsse durch das Royal Australasian College of Surgeons (RACS).

Die methodische Vorgehensweise bei der Reviewerstellung selbst ist detailliert dokumentiert (Literaturrecherche, Ein- und Ausschlusskriterien, Qualitätsbewertung, Datenextraktion und Auswahl des Informationssyntheseverfahrens (hier qualitative Zusammenfassung)) und entspricht den akzeptierten Qualitätsanforderungen.

d) Ergebnisse und Schlussfolgerungen

Die für den Review durchgeführte Literaturrecherche fand insgesamt 12 wissenschaftliche Studienpublikationen zur Thematik, darunter drei Zeitvergleiche, zwei Fallserien und fünf nicht-klinische Arbeiten (Technikbeschreibungen, Kadaverstudien). Die Autoren stellen fest, dass die Fragen nach Wirksamkeit und Sicherheit des Verfahrens im Vergleich zur Standarddiskektomie anhand der vorliegenden Literatur nicht beantwortet werden können. Die verfügbaren klinischen Studien müssen aufgrund ihres Designs nicht nur den niedrigen Evidenzklassen zugeordnet werden, sondern sie weisen darüber hinaus auch eine Reihe von Schwächen auf (z.B. fehlende Charakterisierung der Outcomes, nicht nachvollziehbare Subgruppenbildungen, geringe Fallzahlen), die geeignet sind, die Validität der Ergebnisse weiter zu gefährden. Es lässt sich lediglich eine Auflistung von möglichen Vor- und Nachteilen zusammenstellen, die zur Zeit aber nicht überprüfbar ist.

Die Autoren sprechen die Empfehlung aus, vor einem Einsatz in der Routinepraxis eine nach Möglichkeit randomisierte, aber in jedem Falle kontrollierte Studie durchzuführen.

e) Abschließende Bewertung

Bei der Arbeit handelt es sich um eine qualitativ hochwertige Literaturübersicht mit Redaktionsschluss Januar 2000. Die Beurteilung der Literaturlage erfolgt ausschließlich unter wissenschaftlichen Gesichtspunkten und kann damit als übertragbar angesehen werden.

C.5.1.5 Zusammenfassung der Ergebnisse der systematischen Reviews

Zur Beantwortung der Forschungsfragen lassen sich die Ergebnisse der systematischen Reviews wie folgt zusammenfassen.

1. Informationen zur vergleichenden Wirksamkeit der Verfahren (RCT Evidenz) können den Reviews von Gibson et al. (1999) und Boult et al. (2000) entnommen werden. Die Ergebnisse (für "Wirksamkeit der Verfahren) der Übersichten von Stevens et al. und Hoffmann et al. sind in denen des Cochrane Review enthalten. Alle Reviewautoren stellen fest, dass die methodische Qualität der Primärstudien Verzerrungen durch systematische Fehler nicht vollständig ausschließen kann, so dass die Ergebnisse mit Zurückhaltungen interpretiert werden sollten. Aufgrund der unterschiedlichen Patientencharakteristika lassen sich aus den Daten der randomisierten kontrollierten Studien keine absoluten Erfolgsraten ablesen sondern die Ergebnisse können nur als relative Messgrößen angegeben werden. Dabei zeigte sich, vor allem aus den Daten des Cochrane Review, dass bei bestehender Operationsindikation (Patienten mit ischialgiformem Beschwerden, die unter konservativer Therapie keine Besserung zeigten), die Ergebnisse nach Chemonukleolyse denen nach Plazebobehandlung überlegen waren. Ein einziger RCT konnte die Überlegenheit der offenen Diskektomie über die konservative Behandlung bei einer Patientengruppe mit unklarer Operationsindikation belegen. Im Vergleich untereinander waren keine Unterschiede der "Erfolge" von Diskektomien mit Chemonukleolyse bzw. von Standard- und Mikrodisketomie nachweisbar. Die Ergebnisse von perkutanen Verfahren scheinen, bei begrenzter Evidenzlage, denen der Standardverfahren (bes. der Mikrodiskektomie) unterlegen. Für die Wirksamkeit der Laserverfahren gibt es kaum belastbare Evidenz.

Die Übersicht von Hoffmann et al., in der neben RCTs auch "schwächere" Studiendesigns berücksichtigt wurden, kommt zu vergleichbaren Ergebnissen. Bei Hoffmann et al. wurde auch eine Auswertung für Komplikationsraten vorgenommen: danach betrug die perioperative Mortalität weniger als 0,15%, die Raten an tiefen Infektionen und bleibenden Nervenschädigungen lagen ebenfalls unter 1%, die Raten an Phlebothrombosen, Wundinfektionen und Diszitiden lag unter 2% (vgl. auch Tabelle 5).

2. Die Analyse der systematischen Reviews ergab, dass aus keiner der beiden Übersichten über die RCT-Evidenz Informationen zu erfolgmodifizierenden Einflussgrößen (erkrankungs- oder patientenabhängige Faktoren) entnommen werden konnte, in erster Linie weil die Patientenzahlen in den Therapiestudien zu klein waren um statistisch aussagekräftige Ergebnisse zu liefern. Die Übersicht von Stevens identifiziert aus Fallserien sechs Faktoren, die in mehreren Studien mit guten Operationsergebnissen nach offener Diskektomie assoziiert waren (vergl Tabelle 16).

C.5.2 Primärstudien

C.5.2.1 Krugluger J, Knahr K: Chemonucleolysis and automated percutaneous discectomy - a prospective randomised controlled comparison (2000)

a) Studientyp

Randomisierte kontrollierte Studie

b) Konkrete Fragestellung

Vergleich der Wirksamkeit (Oswestry-Score) von Chemonukleolyse und APD (= automatisierte perkutane Diskektomie)

c) Methodik / Studiendesign

22 hochselektierte Patienten mit Bandscheibenvorfall wurden randomisiert entweder der APD- (n=10) oder der Chemonukleolysegruppe (n=12) zugeordnet. Die Ergebnisse (Oswestry Scores wurden 6 Wochen und 12 Monate nach Operation erhoben.

d) Ergebnisse und Schlussfolgerungen

Die Verfahren ergaben nach 6 Wochen und 12 Monaten vergleichbare Ergebnisse mit signifikanter Verbesserung gegenüber der Ausgangssituation. Nach zwei Jahren waren die Ergebnisse der Chemonukleolysegruppe denen der APD-Gruppe statistisch signifikant überlegen: bei 5 der 10 APD Patienten kam es aufgrund wiederkehrender Rücken- und Beinschmerzen zu einer deutlichen Verschlechterung im Vergleich zu früheren Messzeitpunkten und im Vergleich zur Chemonukleolysegruppe.

e) Abschließende Bewertung

Aufgrund der kleinen Teilnehmerzahlen können die vorliegenden Ergebnisse höchstens als Pilotstudie gewertet werden.

C.5.2.2 Burton K, Tillotson KM, Cleary J: Single-blind randomised controlled trial of chemo-nucleolysis and manipulation in the treatment of symptomatic lumbar disc herniation. (2000)

a) Studientyp

Randomisierte kontrollierte Studie

b) Konkrete Fragestellung

Nachweis der Vergleichbarkeit von Therapieergebnissen konservativer manueller Verfahren (Manipulationsverfahren) bei Patienten mit Ischialgie mit denen der Chemonukleolyse.

c) Methodik / Studiendesign

40 Patienten mit unilateraler persistierender Ischalgie wurden randomisiert entweder der Manipulations- (n=20) oder der Chemonukleolysegruppe (n=20) zugeordnet. Outocomes (Disability, Distress, Schmerzen, Komplikationen, Begleittherapien) wurden nach 2 und 6 Wochen sowie nach 12 Monaten erhoben:

d) Ergebnisse und Schlussfolgerungen

Die methodisch sehr sorgfältig durchgeführte Studie kam zu dem Ergebnis, dass die Erfolge der beiden Verfahren nach 12 Monaten keine Unterschiede für die Messgrößen Rückenschmerzen, Beinschmerzen und "Disability" aufwiesen. Zu den früheren Nachuntersuchungszeitpunkten (2 Wochen und 6 Wochen) waren jedoch durchaus statistisch signifikante Unterschiede feststellbar: nach 6 Wochen wiesen die konservativ behandelten Patienten bereits signifikant weniger Rückenschmerzen auf als bei der Ausgangsmessung und auch im Vergleich zur Kontrollgruppe, in welcher sich auch kein Unterschied zur Ausgangssituation nachweisen ließ. Für "Disability" war nach 6 Wochen ebenfalls nur eine Verbesserung gegenüber der Ausgangslage in der Manipulationsgruppe zu verzeichnen. Die Studienergebnisse weisen somit darauf hin, dass Ischialgiepatienten möglicherweise von einer Manipulationstherapie schon früher profitieren als von einer Chemonukleolyse.

e) Abschließende Bewertung

Im Rahmen der Indikationsstellung zur invasiven Ischialgiebehandlung kann bei ausgewählten Patienten auch eine Manipulationstherapie erwogen werden.

C.5.2.3 Zusammenfassung der Ergebnisse neuer Primärstudien

Die Ergebnisse von Krugluger und Knahr bestätigen die Ergebnisse des Cochrane Review (vergl. C.5.1.1 und C.5.1.5) zu ersten Forschungsfrage. Zur zweiten Forschungsfrage konnten den Primärstudien keine weiterführenden Informationen entnommen werden.

Quelle	Methodik	Teilnehmer	Interventionen	Outcomes	Ergebnisse	Bemerkungen
Krugluger et Knahr, 2000	Randomisierung: keine näheren Angaben Verblindung: keine Angaben Loss to follow-Up: 0/22	22 Pt: (16 m, 6 w), 26- bis 60 Jahre ausgewählt für minimal invasive Diskektomie nach Liebler-Kriterien, Indikation bestätigt durch Diskographie	Exp: APD nach Onik Ktrl: Chemonukleolyse mit Chymodiactin	Präop, Post-Op: 6 Wochen, 12 und 24 Monate Oswestry-Score; neurologische Symptome; Befunde der ärztlichen Routineuntersuchung	CN-Gruppe: signifikante Besserung des neurologischen Defizit und Oswestry-Scores 6 Wo postop. Nach 12 Monaten keine weitere Besserung; 1 / 12 Zweiteingriff wg. rekurrierender Nervenwurzelsymptomatik; nach 2 Jahren 2/12 milde Rücken-/ Beinschmerzen, Oswestry-Score und Neurologie unverändert. APD: 1 Ausweitung des Eingriffs wg. techn. Komplikation; nach 6 Wochen Neurologie und Oswestry-Score gebessert, nicht signifikant unterschiedlich zur CN Gruppe Nach 2 Jahren: Rückkehr der Symptomatik bei 5 / 10 Patienten Symptompersistenz	Aufgrund geringer Patientenzahlen allenfalls Charakter einer Pilotstudie
Burton et al., 2000	Randomisierung: externes Zentrum, opake Umschläge Verblindung: single (Ergebnismessung) Loss to follow-Up: 10/40	40 Pt. Alter: 18-60 Jahre unilaterale, persistierende Ischialgie (Mittel bei 0 Wochen) Nervenwurzelreizung; CT oder MRI: eindeutiger Befund eines single-level, nicht sequestrierten Bandscheibenvorfalls; klinischer und radiologischer Befund stimmen überein	Exp: Manipulation n= 20 Ktrl: Chemonukleolyse n=20	2, 6 Wochen, 12 Monate: Klinik; Roland Disability Questionnaire; Distress, Schmerzen (validierte Instrumente); Komplikationen, Begleittherapien	nach 12 Monaten keine Unterschiede zwischen den Gruppen: beide signifikant gegen Ausgangswerte verbessert (Bein-, Rückenschmerzen, Disability). Nach 2 und 6 Wochen für Rückenschmerzen und Disability Vorteile für Manipulation. Therapieversager Exp: n=4; Ktrl. n=3	

Tabelle 19: Neue Primärstudien: Charakteristika und Ergebnisse

C.5.3 HTA-Berichte

C.5.3.1 Waddell G et al.: Surgical Treatment of Lumbar Disc Prolapse and Degenerativ Lumbar Disc Disease. In: Nachemson A, Jönsson E (eds.): Neck and Back Pain: The Scientific Evidence of Causes, Diagnosis, and Treatment. Lippincott, Williams & Wilkins, 2000

a) Dokumenttyp und Bezugsrahmen

Das Kapitel wurde einem insgesamt 500 Seiten umfassenden HTA-Bericht des schwedischen SBU-Institutes entnommen. Der 1999 in schwedischer und 2000 in englischer Sprache veröffentlichte Bericht stellt die Aktualisierung und Systematisierung eines 1991 veröffentlichten Berichtes zur gleichen Thematik dar. Kontext für das Kapitel zur lumbalen Wirbelsäulenchirurgie bildet die Feststellung, dass (zumindest in Schweden) rund ein Sechstel aller direkten Kosten, die für die Versorgung von Rückenschmerzpatienten aufgewendet werden, auf operative Eingriffe entfallen. Dabei werden bei nur 1-2% der Patienten operative Eingriffe durchgeführt und die wissenschaftliche Basis für die Indikationsstellung zur Operation wird als schwach bezeichnet. Für die Autoren ist auch die Tatsache der ständigen Neu- und Weiterentwicklung von chirurgischen Verfahren und deren Einsatz ohne valide Evidenz für die Wirksamkeit Anlass zur Besorgnis.

b) Konkrete Fragestellungen

Vor diesem Hintergrund sollte das Kapitel vor allem die Frage klären, welche Evidenz zur Beurteilung der klinischen Wirksamkeit für die unterschiedlichen chirurgischen Verfahren zur Behandlung des Bandscheibenvorfalls verfügbar ist.

c) Methodik

Die Methodik des schwedischen HTA-Institutes ist im ersten einleitenden Kapitel des Bandes beschrieben, sie entspricht der anerkannten Methodik für die Erstellung von systematischen Reviews (Nachemson, 2000). Das Kapitel zu operativen Eingriffen an der Wirbelsäule bei Bandscheibenvorfall basiert auf dem oben vorgestellten Cochrane Review. Die Schlussfolgerungen wurden graduiert und zwar in modifizierter Anlehnung an das von der AHCPR (AHQR) erarbeitete Graduierungsschema:

Tabelle 20: Evidenzhierarchie, verwendet bei Waddell et al., 2000

Grad:	Evidenz:
A	Starke Evidenz: konsistente Ergebnisse mehrerer qualitativ hochwertige RCTs sprechen für die Wirksamkeit des Verfahrens
B	Moderate Evidenz: Ergebnisse eines qualitativ hochwertigen und / oder mehrerer qualitativ mittelmäßiger RCTs bzw. konsistente Ergebnisse aus mehreren RCTs niedriger Qualität
C	Begrenzte Evidenz: ein RCT (hohe oder niedrige methodische Qualität) oder mehrere RCTs mit inkonsistenten Ergebnissen.
D	fehlende wissenschaftliche Evidenz: keine RCTs

d) Ergebnisse und Schlussfolgerungen

Die Autoren ziehen, auf der Grundlage des oben vorgestellten Cochrane Review, folgende Schlussfolgerungen:

1. Klinische Wirksamkeit der chirurgischen Diskektomie bei Bandscheibenvorfall

Da nur eine vergleichende Untersuchung von chirurgischer Diskektomie versus konservativer Therapie publiziert wurde, wird auf eine indirekte Argumentation zurückgegriffen:

- Die Chemonukleolyse ist der Plazebobehandlung überlegen (Evidenz: Grad A),
- Die chirurgische Diskektomie ist der Chemonukleolyse überlegen (Evidenz: Grad A).

Es wird gefolgert, dass somit die chirurgische Intervention der Plazebobehandlung überlegen sein muss. Dies gilt für Patienten mit lumbalgiformen Beschwerden, die auf eine Diskushernie zurückgeführt werden und die unter einer initialen konservativen Therapie keine Besserung zeigten (Evidenz: Grad: B). Der chirurgische Eingriff führt zu einer schnelleren Besserung der akuten Beschwerden (Evidenz: Grad B), die Auswirkungen auf den lebenslangen Verlauf des Krankheitsbildes ist unklar (Evidenz: Grad D).

Obwohl einige Studien die Rückkehr an den Arbeitsplatz als klinisches Outcome beurteilen, sind die Daten nicht ausreichend, um klare Schlussfolgerungen ziehen zu können (Evidenz: Grad C). Gleiches gilt für Aussagen zu Komplikationsraten der unterschiedlichen Eingriffe (Evidenz: Grad C).

2. Alternative Operationstechniken

Die klinischen Ergebnisse nach mikrochirurgischem Vorgehen und nach dem offenen Standardvorgehen sind in der Größenordnung vergleichbar (Evidenz: Grad A). Obwohl beim mikrochirurgischen Eingriff längere Operationszeiten gebraucht werden, gibt es keine Unterschiede bei den perioperativen Blutungskomplikationen, der Krankenhausliegedauer und den Narbenbildungen (Evidenz: Grad B). Zum Vergleich der Komplikationsraten können wiederum keine schlüssigen Aussagen gemacht werden (Evidenz: Grad C).

Die Erfolge der perkutanen automatisierten Diskektomie sind möglicherweise schlechter als die der konkurrierenden Verfahren (Evidenz: Grad C). Zur Wirksamkeit der Laserdiskektomie im Vergleich zu anderen Verfahren gibt es keine RCTs (Evidenz: Grad D). Möglicherweise ist die Anwendung von Interpositionsmembranen zur Prophylaxe einer ausgeprägten Narbenbildung sinnvoll (Evidenz: Grad C). Während klinische Outcomes vermutlich weniger beeinflusst werden (Evidenz: Grad C), kann der positive Effekt möglicherweise an niedrigeren Reoperationsraten abgelesen werden.

Zur Wirksamkeit verschiedener Dosierungen von Chymopapain, zum Vergleich von Chymopapain und Kollagenase und zum Vergleich Kollagenase versus Plazebo gibt es keine ausreichende Evidenzgrundlage für Empfehlungen (Evidenz: Grad C).

e) Abschließende Bewertung

Die Schlussfolgerungen des schwedischen HTA-Berichtes übernehmen 1:1 die Schlussfolgerungen des Cochrane Review und unterlegen sie mit dem entsprechenden Evidenzgrad. Da inhaltlich keine neuen Erkenntnisse hinzugefügt wurden, gelten an dieser Stelle die zum Review von Gibson et al., (1999) gemachten Ausführungen. Die Graduierung wird nicht übernommen, da eine solche in den deutschen HTA-Berichten nicht üblich ist.

C.5.3.2 Danish Institute for Health Technology Assessment: Low Back Pain. Frequency Management and Prevention form an HTA Perspective. 1999

a) Dokumenttyp und Bezugsrahmen

Bei der vorliegenden Publikation handelt es sich um einen zweiteiligen HTA-Bericht zum Umgang mit dem Problem "Tiefe Rückenschmerzen" (low-back pain) in Dänemark. "Tiefe Rückenschmerzen" wird in dieser Publikation definiert als Erschöpfung (tiredness), Beschwerden (discomfort) oder Schmerzen (pain) in der Region des "low-back". Hierzu gehören die Gesäßregion, der untere Rücken und das Areal über der Wirbelsäule bis heran an die Nackenregion. Schwere und Dauer der Beschwerden werden bei dieser Definition nicht berücksichtigt, es wird allerdings eine Unterteilung vorgenommen in Schmerzen mit und ohne Ausstrahlung in die untere Extremität.

Der erste Teil des HTA-Berichtes umfasst die Darstellung von Epidemiologie, Versorgungsmodalitäten und –inanspruchnahme von Rückenschmerzpatienten in Dänemark. Aus dem dokumentierten Status quo wurde die Notwendigkeit zur Abfassung des zweiten Teiles, der Stellungnahmen zu einzelnen Versorgungsmaßnahmen umfasst, abgeleitet. Für die unterschiedlichen (überwiegend therapeutischen) Verfahren erfolgt eine gegliederte Darstellung folgender Aspekte: kurze Technologiebeschreibung, Wirksamkeit (ggf. für verschiedene Indikationsgebiete), Kosten und eine graduierte, zusammenfassende Empfehlung für oder gegen den Einsatz des Verfahrens. Der HTA-Bericht richtet sich sowohl an politische als auch an professionelle Entscheidungsträger im dänischen Gesundheitswesen.

Im Kontext dieser Bewertung soll nur auf die spezifischen Kapitel zu chirurgischen Verfahren bei gesicherten Diskushernien eingegangen werden.

b) Konkrete Fragestellungen

Bei der Bewertung der Wirksamkeit von operativen Verfahren zur Therapie des Bandscheibenvorfalls sollen drei Fragen beantwortet werden:

1. Welche Evidenz gibt es für die Wirksamkeit?

2. Wie ist die Wirksamkeit im Vergleich mit anderen Verfahren zu beurteilen?

3. Sind die Wirksamkeitsdaten auf die eigene Population übertragbar?

Darüber hinaus formuliert DIHTA eine Reihe weiterer Aspekte, die jedoch nicht anhand systematischer Literaturanalysen beantwortet werden sollen sondern vor allem durch Hinzuziehung von administrativen Daten und Surveyergebnissen.

c) Methodik

Für die Bewertungen der einzelnen Verfahren wird die zugrunde liegende systematisch recherchierte Evidenz mit einer Bewertung A bis D beurteilt. In Anlehnung an die AHQR (vormals AHCPR) werden folgende Abstufungen unterschieden:

Tabelle 21: Evidenzhierarchie, verwendet bei DIHTA

Grad:	Evidenz:
A	Starke Evidenz: konsistente Ergebnisse mehrerer qualitativ hochwertiger Studien sprechen für die Wirksamkeit des Verfahrens
B	Moderate Evidenz: Ergebnisse einer qualitativ hochwertigen und / oder mehrerer qualitativ mittelmäßiger Studien sprechen für die Wirksamkeit des Verfahrens
C	Stark eingeschränkte Evidenzlage: Ergebnisse wenigstens einer qualitativ mittelmäßigen Studie sprechen für die Wirksamkeit des Verfahrens
D	fehlende wissenschaftliche Evidenz: es gibt keine Studienergebnisse, welche die Wirksamkeit des Verfahrens belegen

Die anfallenden Kosten für ein Verfahren werden auf einer dreistufigen Skala mit niedrig, mittel oder hoch beurteilt:

Tabelle 22: Bewertung der Kosten für ein medizinisches Verfahren nach DIHTA

Kosten	Eigenschaften des Verfahrens
niedrig	einfache Behandlung, vom Patienten selbst zu Hause durchführbar, ohne Ausrüstung oder professionelle Hilfe
mittel	ambulant durchzuführendes Verfahren (Krankenhausambulanz oder Praxis)
hoch	stationäre Behandlungsverfahren

Auf dem Boden der wissenschaftlichen Evidenz für die Wirksamkeit, unter Einbeziehung der Kostenerwartungen, werden durch Konsensbeschluss (multidisziplinär zusammengesetztes Panel) Empfehlungen für die uneingeschränkte Anwendung, für die Anwendung unter bestimmten Voraussetzungen oder gegen die Anwendung einzelner Verfahren abgeben.

d) Ergebnisse und Schlussfolgerungen

Operative Verfahren zur Behandlung von Diskushernien werden im Rahmen des Berichtes nicht weiter spezifiziert. Als wirksames Prinzip wird die Hemilaminektomie mit anschließender Entfernung von Diskusmaterial angenommen. Die Effektivität von mikrochirurgischen oder Chemonukleolyseverfahren wird im Bericht nicht systematisch beurteilt. Für die offene Operation kommt das Panel zu den folgenden Schlussfolgerungen:

Indikation:

- Übereinstimmung von klinischem und radiologischem Befund
- erfolglose konservative Therapieversuche für 4-6 Wochen

[Ausnahmen: Eine sehr dringliche Operationsindikation besteht bei Cauda Equina-Syndrom; eine dringliche Operationsindikation ist eine über mehrere Tage progrediente neurologisch-motorische Symptomatik.]

Unter diesen Vorraussetzungen wird die Evidenz für die Langzeitwirksamkeit des operativen Eingriffs zur Schmerzreduktion mit Grad C, die Evidenz für Operations"erfolge" zwischen 70% und 90% mit A beurteilt. Auch angesichts der Tatsache, dass es sich um ein kostenintensives Verfahren handelt, spricht sich das Panel für den Einsatz des Verfahrens bei gegebener Indikationsstellung aus.

e) Abschließende Bewertung

Die ausgesprochenen Verfahrensbewertungen lassen sich nicht bis zu ihrer Quelle zurückverfolgen und leider verfügt das HTA-Gutachten nicht über einen Methodenteil, der expliziert auf welcher Evidenzbasis die Empfehlungen beruhen (Nachfrage bei den Autoren ergab, dass auch kein „Technical Report“ verfügbar ist). Die Stellungnahmen können somit nur in der Diskussion berücksichtigt werden.

C.5.3.3 Laerum E et al.: Lumbalt skiveprolaps med rotaffeksjon. Behandlingsformer. SMM-Rapport Nr. 1/2001.

Auch dieser HTA-Bericht, mit integrierter systematischer Literaturübersicht, stützt seine Kernaussagen zur Wirksamkeit auf den Review von Gibson et al.,(1999). Aus diesem Grund und weil die Publikation nur in norwegischer Sprache erhältlich ist, wird auf eine ausführliche Darstellung verzichtet. Die Schlussfolgerungen sind mit denen des schwedischen HTA-Berichtes deckungsgleich. Als Forschungsbedarf wird vor allem die Forderung nach mehr randomisierten kontrollierten Studien zur Evaluation der neueren Operationsverfahren formuliert.

C.5.3.4 Zusammenfassung der Ergebnisse der HTA-Berichte

Die hier referierten HTA-Berichte kommen zu keinen, über die Schlussfolgerungen des Cochrane Review (vergl. C.5.1.1 und C.5.1.5) hinausgehenden Schlussfolgerungen. Als Ergebniszusammenfassung kann somit auf Kapitel C.5.1.5 verwiesen werden.

C.5.4 Registerstudien

Es wurde nur eine Studie zur Erstellung des vorliegenden Berichtes herangezogen.

C.5.4.1 Jönsson B, Strömqvist B: Uppföljning av Ländryggskirurgi i Sverige 1999 (Mai 2000).

Dokumenttyp und Bezugsrahmen

Bei dem vorliegenden Dokument handelt es sich um den Jahresbericht des schwedischen Registers für operative Eingriffe an der Lendenwirbelsäule (Lumbar Spine Surgery Follow-Up). Das Register wird an der Abteilung für Orthopädie an der Universität von Lund geführt, die Verantwortlichkeit liegt bei der Landskrona-Lund-Orup Health Authority. Alle schwedischen Qualitätsregister (über 40) verfolgen das Ziel, die Versorgung in einem jeweils definierten Bereich patientenorientiert in ihrer Effektivität, Wirtschaftlichkeit und Qualität zu verbessern. Die nationalen Register erfassen individuelle Daten zu Diagnosen, Behandlungen und Outcomes, wobei eine Abdeckung von 100% angestrebt wird. Statistische Auswertungen werden für jede Abteilung und für das ganze Land vorgenommen.

Das Register für Operationen an der Lendenwirbelsäule wurde 1992 eingerichtet, vor dem Hintergrund einer ständig anwachsenden Zahl von operativen Behandlungen bei degenerativen Wirbelsäulenerkrankungen in den vorangegangenen beiden Dekaden. Dieser Anstieg wurde nicht auf epidemiologische Ursachen (steigende Inzidenz der Erkrankung), sondern auf verbesserte diagnostische Möglichkeiten, verbesserte Operationstechniken und möglicherweise sich ausweitende Indikationsstellungen für operative Eingriffe zurückgeführt.

b) Konkrete Fragestellung

Zielsetzung des Registers ist die Evaluation der Indikationsstellung zu operativen Eingriffen bei degenerativen Erkrankungen der lumbalen Wirbelsäule, unter besonderer Berücksichtigung von Änderungen bei der Indikationsstellung und den Auswirkungen von innovativen Operationsverfahren auf patientennahe gesundheitliche Outcomes.

c) Methodik

In das Register aufgenommen werden alle Patienten, die sich in den partizipierenden Abteilungen einem operativen Eingriff wegen degenerativer Veränderungen der lumbalen Wirbelsäule unterziehen. Zu diesen operativen Eingriffen gehören: offene Diskektomien (Standardtechnik), Mikrodiskektomien, perkutane Nukleotomieverfahren, Dekompressionsoperationen mit oder ohne Fusion, instrumentierte und nicht-instrumentierte Fusionsoperationen. Im Einzelnen werden folgende Daten erfasst:

- Patientendaten präoperativ: Alter, Geschlecht, Berufstätigkeit, Arbeitsfähigkeit (Dauer von Ausfallzeiten), Dauer von Rücken- und Beinschmerzen, Analgetikagebrauch, Gehstrecke, Schmerzlokalisation (pain drawing), Schmerzstärke (VAS-Skala), allgemeiner Gesundheitszustand (SF-36)
- Daten zum operativen Eingriff: Diagnose, Art des Eingriffs, Krankenhausliegedauer, Komplikationen.
- Patientendaten postoperativ (nach 4, 12, 24 Monaten): Zufriedenheit mit dem Operationsergebnis, Rücken- und Beinschmerzen, Arbeitsfähigkeit, Analgetikagebrauch. SF-36 nur nach 12 Monaten.

Es wird angestrebt, für ausgewählte Diagnosegruppen auch langfristigere Verläufe zu dokumentieren, um mögliche negative Auswirkungen des operativen Eingriffes für auf den lebenslangen Verlauf der Erkrankung zu dokumentieren.

Da 1998 eine Umstrukturierung des Registers erfolgen musste, liegen bisher nur sehr begrenzte Datenbestände vor.

d) Ergebnisse und Schlussfolgerungen:

Der von den Betreibern des Registers zur Verfügung gestellte Bericht wurde im Mai 2000 veröffentlicht und beinhaltet Daten zu Operationen, die im Laufe des Jahres 1999 durchgeführt wurden. Insgesamt berichteten 23 Klinikabteilungen an das Register, darunter 5 Universitätsklinika.

Insgesamt enthält das Register Daten zu 2553 operierten Patienten.

Ergebnisse: Diskushernien

1276 an einer Diskushernie operierte Patienten sind im schwedischen Register erfasst. Das mittlere Alter betrug 44 Jahre, das Verhältnis Männer : Frauen 59% zu 41%. ischialgiforme Beschwerden bestanden im Mittel für 14 Monate (Median: 8 Monate). In 81% der Fälle wurde die Diagnose des Bandscheibenvorfalls mithilfe der Magnetresonanztomographie gestellt.

Bei den Operationstechniken wurde die offene Diskektomie am häufigsten (55%), danach die mikrochirurgische Diskektomie (34%) durchgeführt. Perkutane Verfahren wurden in 2% der Fälle durchgeführt, in 9% der operierten Patienten kamen Kombinationen der oben genannten Verfahren zur Anwendung.

Von 432 Patienten lagen Daten zur Nachuntersuchung nach 4 Monaten, von 488 zur Nachuntersuchung nach 12 Monaten vor.

Die postoperative Stärke der ischialgiformen Beschwerden wurde von den Patienten wie folgt beurteilt:

Tabelle 23: Schwedisches Register: Outcome „Stärke der Beschwerden"

Stärke der Beschwerden	4 Monate postoperativ	12 Monate postoperativ
schmerzfrei	34%	34%
deutlich gebessert	41%	38%
etwas gebessert	14%	14%
unverändert	7%	9%
verschlimmert	4%	5%

Zum Analgetikagebrauch wurden folgende Angaben gemacht.

Tabelle 24: Schwedisches Register: Outcome „Häufigkeit des Analgetikagebrauchs"

Häufigkeit des Analgetikagebrauchs	präoperativ	4 Mon. postop.	12 Mon. postop.
regelmäßig	52%	14%	18%
mit Unterbrechungen	35%	35%	31%
selten	13%	51%	51%

Die Messung der gesundheitsbezogenen Lebensqualität mit dem SF-36 ergab im Vergleich von präoperativen Messwerten mit den Daten nach vier Monaten postoperativ Verbesserungen in allen physischen und psychischen Domänen.

Getrennt nach Operationsindikation (zum Vergleich) wird die Patientenzufriedenheit mit dem Ergebnis (Erfolg - Indifferenz - Misserfolg) des operativen Eingriffs nach einem Jahr dargestellt:

Tabelle 25: Patientenzufriedenheit nach Rückenoperationen (stratifiziert nach Indikation; schwedische Registerdaten, 1999)

	Diskushernie	**zentrale Stenose**	**laterale Stenose**	**Spondylolisthese**	**SRS**
Erfolg	74%	56%	61%	67%	55%
Indifferent	16%	27%	24%	27%	24%
Misserfolg	10%	17%	15%	6%	21%

Deskriptive Auswertungen wurden außerdem getrennt nach Krankenhaustyp (Universitätsklinikum, regionales Krankenhaus, lokales Krankenhaus) vorgenommen. Es zeigte sich, dass bei den kleineren Häusern der Anteil der „Bandscheibenoperationen" am höchsten war, gefolgt von Operationen bei Spinalkanalstenosen. Die komplizierteren Eingriffe bei Spondylolisthesen und refraktärem Schmerzsyndrom wurden zumeist in den Universitätsklinika durchgeführt.

e) Abschließende Beurteilung

Die zur Verfügung gestellten Daten des schwedischen Registers können derzeit sicherlich noch keine inhaltlich verlässlichen Informationen liefern – es wurde bisher erst ein Jahrgang ausgewertet. Auf eine Darstellung wurde aber dennoch nicht verzichtet, da Register eine wichtige Informationsquelle für „Effectiveness"-Daten im Zusammenhang mit operativen Eingriffen sind. Die hier präsentierten Informationen zeigen, welcher Art die Daten und ihre Auswertungsmöglichkeiten in einigen Jahren sein werden. Das schwedische Register ist das einzige flächendeckende Register für bandscheibenchirurgische Eingriffe.

C.5.4.2 Zusammenfassung der Ergebnisse der Registerstudien

Da von diesem Publikationstyp nur die eine Veröffentlichung vorliegt, erübrigt sich eine Ergebniszusammenfassung (vergl. Punkt C.5.4.2., e)).

C.5.5 Internationale Leitlinien

C.5.5.1 CBO: Consensus Het Lumbosacrale Radikulaire Syndroom. 1995

a) Zielstellung / Methodik / Ergebnisse

Die Leitlinien des niederländischen Institutes CBO (Centraal Begeleidingsorgan voor de Intercollegiale Toetsing) sollen in erster Linie einen einheitlichen Umgang mit bestimmten Krankheitsbildern / Technologien vorschlagen, an deren Versorgung / Einsatz typischerweise unterschiedliche ärztliche und nicht-ärztliche Disziplinen beteiligt sind.

Bei der vorliegenden Publikation handelt es sich um einen Konsensusbericht, der den unterschiedlichen Fachdisziplinen als Grundlage für Praxisleitlinien dienen soll. Die Evidenzbasis für die Empfehlungen ist zwar angegeben (als Literaturzitat), eine systematische Zusammenstellung ist allerdings nicht dokumentiert. Die Definition des Störungsbildes "Lumbosacrales radikuläres Syndrom", auf welches sich das Konsensuspapier bezieht, umfasst ein oder mehrere lumbale und/oder sakrale Dermatome ausstrahlende Schmerzen mit oder ohne neurologische Ausfallserscheinungen. Die Konsensusstatements beziehen sich somit auf ein klinisches Erscheinungsbild und nicht auf ein vordefiniertes pathologisches Substrat. Sieben der insgesamt 26 Feststellungen beziehen sich auf invasive Therapieverfahren (Chemonukleolyse, offene und perkutane Operationsverfahren, s. Tabelle 26).

b) Abschließende Bewertung

Die Leitlinie des CBO enthält keine systematische Aufarbeitung der Evidenzbasis für die ausgesprochenen Empfehlungen, diese können daher auch nicht übernommen werden. Ihre Darstellung dient lediglich der Veranschaulichung der internationalen Praxisrealität.

C.5.5.2 ANAES: Prise en Charge Diagnostique et Thérapeutique des Lombalgies et Lombosciatique communes de moins de trois mois d'évolution. 2000

a) Zielstellung / Methodik / Ergebnisse

Bei der Publikation handelt es sich um eine von der französischen Krankenversicherung (Caisse Nationale d'Assurance Maladie CNAM) zusammen mit dem Gesundheitsministerium in Auftrag gegebene Leitlinie zur Versorgung von Patienten mit akuter (< 3 Monate bestehender) Lumbalgie bzw. Lumboischialgie. Die Leitlinie wurde nach der systematischen Methodik des ANAES (Agence Nationale d'Accréditation et d'Évaluation en Santé s. http://www.anaes.fr) erstellt. Die operative Behandlung nimmt im Kontext dieser Leitlinie nur einen sehr untergeordneten Stellenwert ein; von der allgemeinen Patientenklientel werden drei Symptomkomplexe abgegrenzt, bei denen sofortige weiterführende Diagnostik und Therapie indiziert sind (s. Tabelle 26).

b) Abschließende Bewertung

Bei der Leitlinie von ANAES handelt es sich um ein evidenzbasiertes Dokument - allerdings können keine inhaltlichen Informationen zur Beantwortung der Forschungsfragen gewonnen werden.

C.5.5.3 Agency for Health Care Administration (AHCA), Florida: Universe of Florida patients with low back pain or injury. 1996

a) Zielstellung / Methodik / Ergebnisse

Die Leitlinie wurde unter Aufsicht der AHCA, der Gesundheitsbehörde des US-Bundesstaates Florida, von einer multidisziplinär zusammengesetzten Arbeitsgruppe erstellt. Die einzelnen Empfehlungen sind, je nach zugrunde liegender Evidenz, gekennzeichnet als „accepted practice“ bei ausreichender Evidenz und als „options“ bei schwacher Evidenzlage oder fehlender Evidenz. Die Leitlinie richtet sich an ärztliche (Primär- und Fachärzte) und nicht-ärztliche Kliniker, Patienten, Arbeitgeber, Versicherer und alle übrigen Interessenten. Angesprochene Zielkonditionen sind Rückenschmerzen oder „injury“, akutes Lumbalsyndrom, Nukleus Pulposus Hernien (NPH), Spondylolisthesen, Osteoarthrose, spinale Stenosen und spinale Instabilität. Sowohl für das Phänomen „Rückenschmerz“ als auch für die einzelnen spezifischen Diagnosen sind diagnostisches Vorgehen und therapeutische Optionen in Algorithmen dargestellt. Übergänge von einem Algorithmus in einen anderen sind möglich. Die Indikationen zu operativen Eingriffen bei NPH sind in Tabelle 26 dargestellt.

b) Abschließende Bewertung

Die Leitlinie liegt als strukturierter Abstract des National Guideline Clearinghouse (NCG) vor, die 32-seitige Originalpublikation ist z. Zt. vergriffen. Es können daher auch keine weiteren Informationen zur Methodik der Leitlinienerstellung gegeben werden. Die Darstellung dient lediglich der Veranschaulichung der internationalen Praxisrealität.

C.5.5.4 Washington State Medical Association – Medical Specialty Society; Washington State Department of Labour and Industries: Criteria for entrapment of a single nerve root. 1999

a) Zielstellung / Methodik / Ergebnisse

Zielkondition der Kurzleitlinie ist die „Einklemmung einer einzelnen lumbalen Nervenwurzel“. Zielpopulation sind Arbeiter (injured workers). Die Leitlinie soll eine adäquate Indikationsstellung zu chirurgischen Eingriffen in der angesprochenen Zielpopulation erleichtern. Adressaten der Leitlinie sind neben Ärzten auch Versicherer, Arbeitgeber, Qualitätsbeauftragte und Controller. In Tabelle 26 sind die Empfehlungen für die Überweisung eines Patienten zum chirurgischen Eingriff dargestellt.

b) Abschließende Beurteilung

Die einseitige Leitlinie enthält keine Angaben zur Methodik. Ihre Darstellung dient lediglich der Veranschaulichung der internationalen Praxisrealität.

C.5.5.5 American Academy of Orthopedic Surgeons (AAOS), North American Spine Society: Clinical guideline on low back pain. 1996

a) Zielstellung / Methodik / Ergebnisse

Zielkonditionen dieser Leitlinie sind akute tiefe Rückenschmerzen unklarer Genese (nicht auf Trauma oder Infektion zurückzuführen, ohne schwerwiegende neurologische Ausfälle) bei Erwachsenen. Eingeschlossen sind Bandscheibenvorfälle, Wirbelgleiten, spinale Stenosen und therapierefraktäre Rückenschmerzen. Adressaten sind Ärzte. Sie sollen durch eine Reihe von diagnostischen und therapeutischen Entscheidungen geführt werden mit dem Ziel, Qualität und Effizienz der Versorgung zu verbessern. Die Methodik ist in der vorliegenden Kurzfassung nicht beschrieben, wohl aber die strengen Einschlusskriterien für zu berücksichtigende Literatur. Die Feinabstimmung erfolgte in einem iterativen schriftlichen Austausch mit beteiligten Interessengruppen. Das Vorgehen bei Rückenschmerzen wird in zwei Phasen unterteilt: die erste Phase umfasst die Versorgung der ersten sechs Wochen; in der zweiten Phase geht es um weiterführende Diagnostik und Therapie bei Patienten, die während der ersten sechs Krankheitswochen nicht zur Beschwerdefreiheit gebracht werden konnten. In diesen Part fallen auch die in Tabelle 26 aufgeführten Indikationen zum operativen Eingriff bei Diskushernie.

b) Abschließende Bewertung

Die Leitlinie der AAOS enthält keine systematische Aufarbeitung der Evidenzbasis für die ausgesprochenen Empfehlungen, diese können daher auch nicht übernommen werden. Ihre Darstellung dient lediglich der Veranschaulichung der internationalen Praxisrealität.

C.5.5.6 Zusammenfassung der Ergebnisse aus internationalen Leitlinien:

Auf die ersten Forschungsfrage nach der Wirksamkeit der unterschiedlichen bandscheibenchirurgischen Verfahren im Vergleich und der Chemonukleolyse geben die Leitlinienempfehlungen keine Antworten. Alle Empfehlungen beziehen sich auf die Indikationsstellung und machen damit indirekt Aussagen über Symptome, Krankheits- und Patientencharakteristika, bei deren Vorliegen ein operativer Eingriff erfolgversprechend scheint. Die Aufzählung kann jedoch nur der Orientierung dienen da keine der Leitlinien eine evidenzbasierte Informationsaufarbeitung zur Verfügung stellt. In Tabelle 28 sind die Empfehlungen aus internationalen Leitlinien im Überblick zuusammengefasst.

Institution / Titel	Methodik	Indikationen zur Bandscheibenchirurgie
CBO: Consensus Het Lumbosacrale Radikulaire Syndroom. 1995	Konsensus-beschlüsse als Basis für Praxisleitlinien	1. Schweres Beschwerdebild ohne Anzeichen für Besserung indiziert nach 4-6 Wochen den Einsatz weiterführender bildgebender Diagnostik und möglicherweise invasive Behandlungsverfahren. 2. Der Einsatz invasiver Verfahren sollte sich mehr am Schmerzgeschehen und weniger an neurologischen Ausfallserscheinungen orientieren (Ausnahme: Cauda Equina-Syndrom). 3. Die Chemonukleolyse ist eine erwiesenermaßen wirksame Behandlung des diskogenen radikulären Syndroms, deren 1-Jahresergebnisse denen des offenen chirurgischen Vorgehens vergleichbar sind. 4. Im Gespräch mit dem Patienten soll die Option von invasiven Behandlungsverfahren frühestens nach 6-wöchigem Verlauf ohne deutliche Anzeichen für Verbesserung angesprochen werden. 5. Es wird als nicht erwiesen angesehen, dass die Prognose einer im Zuge eines radikulären Syndroms aufgetretenen leichten bis mäßigen Parese durch einen operativen Eingriff verbessert wird. Dieser Befund stellt daher keine absolute Operationsindikation dar. 6. Ein durch einen Bandscheibenvorfall verursachtes Cauda Equina-Syndrom ist eine absolute Indikation für eine baldige Operation. 7. Die Wirksamkeit perkutaner Nukleotomien und perkutaner Lasertherapien bei diskogenem radikulärem Syndrom wird als nicht bewiesen angesehen.
ANAES: Prise en Charge Diagnostique et Therapeutique des Lombalgies et Lombosciatique communes de moins de trois mois d'evolution. 2000	Evidenzbasierte Leitlinie	Weiterführende Diagnostik und gegebenenfalls (operative) Therapie ist indiziert bei: 1. Lumboischialgie mit unerträglichen opiatresistenten Schmerzen (lombosciatique hyperalgique) 2. Lumboischialgie mit ausgeprägten oder zunehmenden motorischen Ausfällen (lombosciatique paralysante) 3. Cauda Equina-Syndrom
Agency for Health Care Administration, Talahassee, Florida, USA: Universe of Florida patients with low back pain or injury. 1996	(Evidenzbasierte) Konsensusleitlinie	1. Verdacht auf HNP (herniated nucleus pulposus) besteht bei: Rücken- und radikulären Schmerzen mit fakultativ neurologischen Ausfällen bzw. positivem Lasègue-Zeichen. 2. Weiterführende Diagnostik (MRI, CT-Myelogramm, CT, Knochenszintigramm (bei V.a. TU, Infekt oder okkulter Fraktur), Diskographie (frühestens nach vier Monaten erfolgloser Therapie) nach 4-6 Wochen erfolgloser Therapie incl. Steroidinjektionen 3. Wenn bildgebende Diagnostik den klinischen Befund bestätigt, kann Operationsindikation gestellt werden. 4. An operativen Verfahren stehen zur Verfügung: Laminektomie, Laminotomie, Foraminotomie, Foraminelle Dekompression, Mikrodiskektomie, Diskektomie, spinale Fusion (nach ausgiebigen Dekompressionsmaßnahmen). Selten indiziert: Chemonukleolyse; perkutane Diskektomie und Fusionen ohne vorhergehende Dekompression sind nicht erlaubt.

Washington State Department of Labour and Industries; Washington State Medical Association – Medical Specialty Society: Criteria for entrapment of a single nerve root. 1999	Expertenkonsens auf dem Boden einer Literaturanalyse, Methodik nicht dokumentiert	An operativen Verfahren stehen zur Verfügung: Laminektomie, Laminotomie, Diskektomie, Mikrodiskektomie, Foraminotomie. Die Indikationsstellung setzt voraus: 1. eine mindestens vierwöchige konservative Behandlung (z.B. physikalische Therapie, NSAIDS, manuelle Therapie) + 2. subjektive Befunde: sensorische Symptome in dermatomaler Verteilung (ausstrahlende Schmerzen, Brennen, Taubheit, Kribbeln, Paraesthesien) + 3. objektive klinische Befunde: dermatomal angeordnete Sensibilitätsstörungen oder motorische Ausfälle oder Reflexveränderungen oder ein positives EMG + 4. bildgebende Verfahren (CT oder NMR oder Myelogramm): abnorme Befunde, die in der Höhe der betroffenen Nervenwurzel entsprechen und Konsistenz der klinischen mit den radiologischen Befunden.
American Academy of Orthopedic Surgeons (AAOS), North American Spine Society: Clinical guideline on low back pain. 1996	Methodik in Kurzfassung nicht dokumentiert, außer Einschlusskriterien für Literatur	1. Verdachtsdiagnose NHP: Alter 20-50 Jahre, Beinschmerzen (mit oder ohne neurologische Ausfälle) > Rückenschmerzen, Wurzelreizungszeichen 2. Patient und Arzt entscheiden gemeinsam über Schweregrad (mild – moderat – schwer): bei mild und moderat: konservative Therapieversuche 3. bei „schwer“ bzw. Therapieresistenz: konfirmatorische Diagnostik: NMR, CT, Myelogramm, elektrophysiologische Untersuchungen 4. Falls klinische und technische Befunde kongruent, entscheiden Patient und Arzt gemeinsam über Operationsindikation (Dekompression / Diskektomie)

Tabelle 26: Internationale Leitlinienempfehlungen: Indikationsstellung zur Bandscheibenchirurgie

C.6 Diskussion

Frymoyer (1995) stellt folgenden einführenden und gleichzeitig zusammenfassenden Absatz einem Buchkapitel zu Radikulopathien voran: "Zentrale Botschaft soll sein: Voraussetzungen für den Erfolg operativer Eingriffe an der lumbalen Wirbelsäule sind eindeutige pathoanatomische Veränderungen als Verursacher der Beschwerden. Zu dieser Feststellung gehören klinische Symptome und Zeichen, die kongruent sind mit den Befunden aus gezielt eingesetzten bildgebenden Verfahren – bei Patienten, deren Befindlichkeit nicht prägend durch widrige psychosoziale Einflüsse bestimmt wird, und für die es Belege gibt, dass die zu erwartenden Ergebnisse des operativen Eingriffs denjenigen des spontanen Verlaufs der Erkrankung überlegen sind. Verletzungen dieses Prinzips sind der Hauptgrund für Therapieversager – mehr als die Wahl eines falschen Verfahrens unter den vielen zur Verfügung stehenden Möglichkeiten der operativen Dekompression oder Stabilisierung."

Dieser Absatz soll der Diskussion vorangestellt sein, da er sehr treffend und prägnant den Kenntnisstand und den Informationsbedarf im Zusammenhang mit dem Einsatz bandscheibenchirurgischer Verfahren beschreibt und auf die im Zuge der Literaturanalyse klar werdende Diskrepanz zwischen geübter Praxis, wissenschaftlichem Kenntnisstand und Informationsbedarf hinweist.

C.6.1 Informationsgrundlagen

Da der Stellenwert von bandscheibenchirurgischen Eingriffen weltweit kontrovers diskutiert wird und eine erhebliche Praxisvariation, sowohl was die Operationshäufigkeiten als auch die präferierten Verfahren betrifft, beobachtet wird, ist das Publikationsaufkommen entsprechend hoch. Stevens et al. (1997) beschreiben die Literaturlage zur Wirksamkeit der Bandscheibenchirurgie wie folgt: *"... Like most matters relating to low back disorders, lumbar spine surgery remains one of the most thoroughly reviewed but least well studied areas in clinical medicine...")*. Eine Medlinerecherche der Autoren fand für den Publikationszeitraum von 1980 bis 1996 über 100 Reviewartikel, dagegen nur 14 randomisierte kontrollierte klinische Studien. Eigene Erfahrungen bei den orientierenden Literaturrecherchen bestätigen diesen Eindruck und kommen zusätzlich zu der Feststellung, dass neben der oben erwähnten Fülle von unsystematischen Reviews eine unüberschaubare Menge an Fallserien und retrospektiven Analysen gefunden wird.

Als Konsequenz wurde eine eine streng hierarchisch strukturierte Datenbankrecherche durchgeführt (vergl. Kapitel C.4.1), ergänzt um Handsuchen relevanter Publikationsorgane - obwohl diese Zeitschriften in den Datenbanken gelistet waren. Diese Recherche ergab zwar keine zusätzlichen relevanten Therapiestudien, aber die Auswertung der administrativen Daten zur Epidemiologie der Bandscheibenoperationen von Kast et al., (2000) wurde auf diesem Wege aufgefunden.

Dieser Aspekt des "Handsearching" - die Erschließung eines Themengebietes über Diskussionsbeiträge etc. – hat im Rahmen von HTA-Gutachten bisher möglicherweise zu wenig Beachtung gefunden. Bisher galt als Zielsetzung von "Handsearching" hauptsächlich das Auffinden von zusätzlichen (bei Therapiefragen randomisierten kontrollierten) Studien.

Erfahrungen mit vorangegangenen HTA-Berichten (bes. Hüftgelenkendoprothetik) haben gezeigt, dass wertvolle Informationen vor allem zu Wirksamkeit und Sicherheit von Verfahren unter Alltagsbedingungen (Effectiveness – im Kontrast zur Wirksamkeit unter Studienbedingungen – Efficacy) aus Registerdaten erhalten werden können. Gerade im Zusammenhang mit der Hüftgelenkendoprothetik konnten aus den skandinavischen Registern wertvolle Informationen zu patienten- und prozedurabhängigen Faktoren gewonnen werden, die Verfahrensauswahl und Indikationsstellung entscheidend beeinflussten (Lühmann et al., 2000). Es wurde daher eine gezielte Literatur- und Internetrecherche auch nach Registerdaten durchgeführt, allerdings mit begrenztem Erfolg. Es konnten lediglich Hinweise auf ein einziges Register gefunden werden – in Schweden. Persönliche Korrespondenz mit den Betreibern ergab, dass das schwedische Register derzeit tatsächlich das einzige mit dem Anspruch der flächendeckenden Erfassung aller operierten Patienten ist.

Bei der Beschreibung der Indikationsstellung zur Bandscheibenchirurgie in Deutschland wurden, weil sie die einzigen verfügbaren Dokumente mit eindeutigem Empfehlungscharakter waren (im Gegensatz zu Lehrbüchern), die Leitlinien der wissenschaftlich medizinischen Fachgesellschaften herangezogen. Nach dem 3-Phasenkonzept der AWMF zur Erstellung von evidenzbasierten Konsensusleitlinien sind die in Kapitel C.2.3.2 hier zitierten Publikationen der Stufe 1 zugeordnet worden, d. h. sie wurden in einem nicht speziell strukturierten Konsensverfahren von der entsprechenden Fachgesellschaft verabschiedet.

Die Recherche nach ausländischen Leitlinienpublikationen wurde durchgeführt um festzustellen, ob sich in Deutschland verbreitete Indikationsregeln von denen im Ausland gebräuchlichen unterscheiden. Die Suche wurde mit Hilfe der "Links" der Ärztlichen Zentralstelle Qualitätssicherung durchgeführt. Obwohl alle Hinweise überprüft wurden (s. Dokumentation im Anhang), fanden sich nur wenige Publikationen, deren Empfehlungen auch die Indikationsstellung zum operativen Eingriff umfassten. Diese richteten sich dann ausdrücklich auch an Fachärzte. Vielleicht wäre es sinnvoll, für zukünftige HTA-Verfahren einen Suchalgorithmus nach Leitlinien zu erarbeiten, der neben den bekannten Datenbanken auch Publikationsorgane und Internetseiten großer Fachgesellschaften umfasst. Vor einer Übernahme von Empfehlungen wäre allerdings ihre Evidenzbasis festzutellen und ein Abgleich mit dem systemabhängigen Kontext vorzunehmen.

C.6.2 Methodische Qualität

C.6.2.1 Studiendesigns

Die Autoren aller HTA-Berichte und systematischer Literaturübersichten zum Thema Bandscheibenchirurgie weisen auf die schlechte methodische Qualität der vorliegenden Evaluationsstudien hin. Legt man die Hierarchie der Evidenz für therapeutische Fragestellungen zugrunde (vgl. Tabelle 12), muss der überwiegende Teil der verfügbaren Literatur dem Evidenzlevel 4 (Fallserien) zugeordnet werden. In der Regel sind ihre Ergebnisse in eine Literaturübersicht kaum einzubringen, da die interne Validität ebenso wenig überprüfbar ist wie die Übertragbarkeit der Aussagen.

Die wenigen kontrollierten Studien haben die häufig in Untersuchungen zur Evaluation chirurgischer Verfahren angetroffenen Probleme: kleine Fallzahlen, schlecht oder gar nicht beschriebene Randomisierung, die unverblindete Erhebung von Outcomes (häufig nur eine grobe Einschätzung des Operationserfolges durch den Operateur oder dessen Mitarbeiter bzw. durch den Patienten selber) und kurze Nachbeobachtungszeiträume. Im Cochrane Review stellten Gibson et al. fest, dass lediglich fünf der 27 bewerteten Studien die für chirurgische Studien empfohlenen 2-Jahresergebnisse berichteten (davon zwei Studien auch 10-Jahresergebnisse).

Generell müssen diese methodischen Mängel als mögliche Quellen für systematische Fehler gelten, deren Ausmaß eine vorsichtige Interpretation der Ergebnisse nahe legt.

C.6.2.2 Outcomemessung

Wie viele Literaturanalysen zur Evaluation operativer Eingriffe haben auch Übersichten zu bandscheibenchirurgischen Eingriffen mit Problemen heterogener Outcomemessungen umzugehen. Die Verwendung von unterschiedlichen Messinstrumenten trägt viel dazu bei, dass die Ergebnisse von Einzelstudien nicht vergleichbar sind.

Wie deutlich sich die verwendeten Outcomeparameter auf die Abschätzung eines "Globalerfolges" auswirken, wird aus einer Arbeit von Howe und Frymoyer (1985) deutlich. Die Auswertung retrospektiv erhobener Nachuntersuchungsergebnisse von 244 an der Bandscheibe operierten Patienten nach 14 verschiedenen publizierten Klassifizierungsschemata fand in dieser Stichprobe "Misserfolgsraten" zwischen 3% und 40%, je nach verwendeter Klassifikation. Ebenso berichten Dauch et al. (1994) Operationserfolge nach Mikrodiskektomie in einer prospektiven Studie an 109 Patienten mit therapieresistenten ischialgiformen Beschwerden und in bildgebenden Verfahren (CT / Myelographie / MR) nachgewiesenem organischen Korrelat. Je nach verwendetem Outcomemaß (Schmerzintensität, Aktivitäten des täglichen Lebens, motorische Defizite, berufliche Wiedereingliederung, subjektive Zufriedenheit) betrug die "Erfolgsquote" zwischen 44% (sozialmedizinische Rehabilitation) und 91% (subjektive Zufriedenheit).

Um diesem Phänomen zu begegnen, wurden 1998 die Ergebnisse einer internationalen Arbeitsgruppe veröffentlicht (Deyo et al., 1998). Zur standardisierten Dokumentation von Behandlungsergebnissen bei Rückenschmerzpatienten (inklusive Ischialgiepatienten) wurde vorgeschlagen, unabhängig von der Forschungsfragestellung die Ergebnisse zunächst mithilfe eines sechs Dimensionen umfassenden "Kerninstrumentes" zu dokumentieren und bei Bedarf um weitere Instrumente in Abhängigkeit von der spezifischen Fragestellung zu ergänzen. Die Empfehlungen beruhen auf einer systematischen Literaturanalyse und wurden in einem internationalen Expertengremium verabschiedet (vgl. Abschnitt C.2.3.1).

Auch wenn sich die „scientific community“ auf diesen Vorschlag nicht einigen kann, ist dennoch vorzuschlagen, zur Outcomemessung nur ein erprobtes und validiertes Instrumentarium zu verwenden anstatt für jede Studie eigene neue Kriterien zu entwerfen. Durch die Vergleichbarkeit mit Ergebnissen anderer Studien gewinnen die Aussagen einer Einzelstudie erheblich an Wert.

C.6.3 Inhalte und Beantwortung der Forschungsfragen

C.6.3.1 Einschätzung der Wirksamkeit der Operationsverfahren im Vergleich

Die Einschätzung der Wirksamkeit der verschiedenen Operationsverfahren im Vergleich war die zentrale Fragestellung für die systematische Literaturübersicht von

Gibson et al., 1999. Dabei ging es allerdings nicht nur um den Vergleich der unterschiedlichen operativen Vorgehensweisen untereinander, sondern auch um die Bestimmung ihrer Wirksamkeit im Vergleich zu konservativem Vorgehen und im Vergleich zur Anwendung der Chemonukleolyse.

Der Methodik der Cochrane Collaboration folgend, wurde in der Übersicht nur Klasse 1-Evidenz für therapeutische Verfahren (randomisierte oder pseudorandomisierte Studien) berücksichtigt. Auch hier wiesen viele Studien die oben angesprochenen Mängel auf, ihre Ergebnisse (vergl. C.5.1.1) sind also mit einer gewissen Zurückhaltung zu interpretieren.

Noch ein wichtiger Aspekt sollte hervorgehoben werden: Bis zum heutigen Tag gibt es nur eine einzige randomisierte kontrollierte Studie (Weber H, 1983), die direkt die Outcomes von operierten und nicht-operierten Patienten vergleicht. Die Frühergebnisse (nach 12 Monaten) zeigten Vorteile für die operierte Gruppe (Schmerzen, Funktionsfähigkeit). Nach einer mehrjährigen Latenzzeit (4- und 10-Jahresergebnisse) scheinen sich die Ergebnisse von operierten und nicht-operierten Patienten nicht mehr zu unterscheiden.

Für die Praxis stellen diese Fakten mehrere Aspekte dar, die bei der Indikationsstellung und Auswahl eines bestimmten Operationsverfahrens beachtet werden sollten:

1. Auf lange Sicht trägt der Patient (sofern für ihn keine absolute oder dringliche Operationsindikation besteht) auch unter konservativer Therapie keinen bleibenden Schaden davon.

2. Kurzfristig bietet der operative Eingriff die Möglichkeit, schneller wieder schmerzfrei (bzw. gebessert) und funktionell aktiver zu sein.

3. Der operative Eingriff ist selbstverständlich nicht risikolos. Wenn auch die Komplikationsraten niedrig sind, sind bei einer Entscheidung auch die Risiken und Kosten eines unbefriedigenden Operationsergebnisses (persistierende Schmerzen, funktionelle Beeinträchtigungen, Komplikationen, Notwendigkeit der Reoperation) mit zu bedenken.

4. Die derzeit verfügbare Evidenz legt nahe, dass der mikrochirurgische Eingriff gleiche Erfolge bei möglicherweise weniger Komplikationen im Vergleich zum Standardverfahren aufweist. Für die Wirksamkeit der perkutanen Verfahren im Vergleich zu den offenen Eingriffen ist nur sehr begrenzt Evidenz verfügbar - und diese scheint die Überlegenheit der Standardverfahren zu belegen. Für die Chemonukleolyse, als

Intermediärverfahren zwischen konservativem und operativem Vorgehen, gelten abweichende Indikationskriterien.

Hieraus wird ersichtlich, dass die ärztliche Untersuchung und Indikationsstellung nach sorgfältig ausgewählten Kriterien nur die ersten Schritte in der Entscheidungsfindung sein können. Im Prinzip bleibt es dem aufgeklärten Patienten überlassen, sich mit dem behandelnden Arzt gemeinsam für eine der gleichrangigen Behandlungsformen zu entscheiden. Neben krankheitsabhängigen Faktoren (Symptomatik, radiologische Befunde, Komorbiditäten, das Risiko unerwünschter Therapiefolgen) sollten auch die Erwartungshaltung des Patienten, seine Risikobereitschaft, soziale Randbedingungen (Berufstätigkeit, familiäre Situation, finanzielle Situation) und die Verfügbarkeit der unterschiedlichen Therapiemodalitäten in die Entscheidung einfließen.

Die Ergebnisse des Cochrane Review wurden in allen anderen im Zuge dieses Gutachtens referierten Publikationen aufgegriffen. Die in Ergänzung durchgesehenen später erschienenen Arbeiten von Krugluger et Knahr (2000), Burton et al. (2000) und Boult et al. (2000) konnten die Ergebnisse nur bestätigen und stärken.

C.6.3.2 Verfeinerung der Indikationsstellung in Abhängigkeit von Krankheits- und Patientencharakteristika

Als „erfolgreich" bezeichnete Ergebnisse von bandscheibenchirurgischen Eingriffen werden bei ca. drei von vier operierten Patienten gesehen. Diese Zahlen waren aus einer Übersichtsarbeit über kontrollierte und unkontrollierte Studien zum Thema zu entnehmen (Hoffmann et al., 1993) und markieren lediglich die Größenordnung. In Abhängigkeit von Art des untersuchten Outcome und Abstand zu Operation können auch sehr differente Werte gemessen werden. Rompe et al. (1999) fanden 10 Jahre postoperativ nur weniger als 50% der operierten Patienten (mittleres Alter bei Operation 44,1 Jahre) vollzeitbeschäftigt in ihrem ursprünglichen Beruf.

Als mögliche Gründe für persistierende Beschwerden nach chirurgischen Eingriffen bei Patienten mit Diskushernien werden Probleme in vier Bereichen genannt (Tilscher et Hanna, 1990):

Tabelle 27: Gründe für Beschwerdepersistenz nach bandscheibenchirurgischen Eingriffen

1	Fehlerhafte Indikationsstellung	fehlerhafte Interpretation klinischer Befunde fehlerhafte Interpretation von Befunden konfirmatorischer Untersuchungsverfahren fehlerhafte Indikationsstellung für ein bestimmtes Verfahren

2	Fehlerhafte Operationstechnik	Gefäß-, Dura- oder Nervenverletzungen falscher Level Infektion übersehene Sequester
3	Versager trotz optimaler Indikationsstellung und Technik:	rekurrierender Prolaps Segmentinstabilität epidurale Fibrose Postdiskektomiesyndrom
4	Probleme, die durch den operativen Eingriff nicht beeinflussbar5 sind	ligamentöse Insuffizienz Blockierungen Hüftbeteiligung mit pseudoradikulären Symptomen psychologische Probleme ("Yellow Flags") laufendes Rentenantragsverfahren (Aggravationstendenz) Polyneuropathien (z.B. Diabetes, Alkoholismus) schwere Pathomorphologien (z.B. Spondylolisthesis, Baastrup-Syndrom, Pseudarthrosen, Osteoporose) Postischialgische Durchblutungsstörungen Fehler bei der Rehabilitation

Die Literaturauswertung zur Frage der Indikationsstellung kommt zu eher widersprüchlichen Feststellungen und Aussagen. Einerseits wird von fast allen Autoren festgestellt, dass die Indikationsstellung zum operativen Eingriff bei Diskushernien zum größten Teil den Operationserfolg und das Auftreten der gefürchteten Komplikation "Postdiskektomiesyndrom" bestimmt. Dieser mit großer Sicherheit von vielen Autoren formulierten Feststellung stehen Empfehlungen von nationalen und internationalen Leitlinienpublikationen gegenüber, die lediglich die Unterscheidung zwischen dringlicher und elektiver Indikation abstecken, innerhalb des Gebietes "elektive Indikation" allerdings keine "Leitung" anbieten. (Zur Erinnerung: ca. 5% Bandscheibenoperationen werden unter dringlicher, 95% unter elektiver Indikation vorgenommen.)

Nur vereinzelt werden Kriterien benannt, die bei einer elektiven Indikation beachtet werden sollten. In insgesamt acht Leitlinienpublikationen werden folgenden Punkte angesprochen:

Tabelle 28: Indikationskriterien aus internationalen Leitlinienpublikationen

Indikationskriterium	**erwähnt in n Leitlinien**
Beschwerdedauer unter konservativer Therapie (mind. 4 Wo)	4
Kongruenz von klinischem und radiologischem Befund	3
Beinschmerz überwiegt Rückenschmerz	1
Schmerzen machen mehr Beschwerden als Lähmungen	1
Integration von Patientenpräferenzen in die Indikationsstellung	3
Aus- / Einschluss von spezifischen Operationsverfahren	3

Keine Leitlinie erwähnt alle Aspekte.

Krämer und Ludwig (1999) stellen in einer Übersichtsarbeit Indikationen und Kontraindikationen für lumbale Diskotomien gegenüber. Als klare Indikationen werden erwähnt das Cauda-Syndrom, relevante Paresen und starke Schmerzen bei eindeutigem CT oder MRT Befund. Bei den Kontraindikationen werden genannt: Kreuzschmerzen ohne radikuläre Symptomatik, Unklarheiten in der Diagnosen oder fehlende Kooperationsbereitschaft des Patienten. Diese Aufzählung markiert den Graubereich, der zwischen Indikation und Kontraindikation liegt und in welchem die Indikation durch Patientenpräferenzen aber auch durch Evidenz aus validen Studien modifizierbar erscheint.

Im Review von Gibson et al. war im Zuge der Reviewfragestellung auch eine Literaturauswertung nach indikationsmodifizierenden Patientencharakteristika geplant gewesen. Sie musste allerdings im Zuge der Reviewerstellung aufgegeben werden, weil den kontrollierten Studien die entsprechenden Angaben nicht zu entnehmen waren.

Die Übersicht von Stevens et al. (1997) konnte aus 13 Fallserien folgende Kriterien als prädiktiv für einen eher günstigen Operationserfolg identifizieren:

- Beinschmerzen dominierend (über Rückenschmerzen)
- Zeichen der Nervenwurzelspannung (Lasègue+)
- Monoradikulopathie (klinisch nachgewiesen durch sensorisches oder motorisches Defizit bzw. Reflexabschwächung/-ausfall)
- Abwesenheit von psychologischen Faktoren, die eine schnelle Genesung inhibieren (z.B. Depression, Rentenbegehren)
- kurze Dauer der präoperativen Arbeitsunfähigkeit
- Korrespondenz von klinischer Symptomatik mit präoperativem radiologischen Befund

Der Versuch einer quantitativen Auswertung von patientenabhängigen Faktoren auf das Operationsergebnis musste in der Übersicht von Hoffmann et al. (1993) aus methodischen Gründen aufgegeben werden. Patientendaten der in die Übersicht aufgenommenen Studien standen für eine gepoolte Analyse nicht zur Verfügung, eine Auswertung mit der Untersuchungseinheit „Studie“ kam aufgrund der geringen Anzahl von Arbeiten, die die gleichen Patientendaten berichteten, zu keinen zielführenden Ergebnissen.

Die Daten des schwedischen Registers sind für die formulierte Fragestellung noch nicht verwertbar und nicht berichtet. Für die Zukunft steht aber zu erwarten, dass der Einfluss patientenabhängiger Messgrößen wie Alter, Geschlecht, Berufstätigkeit, Arbeitsfähigkeit (Dauer von Ausfallzeiten), Dauer von Rücken- und Beinschmerzen, Analgetikagebrauch, Gehstrecke, Schmerzlokalisation (pain drawing), Schmerzstärke (VAS-Skala), allgemeiner Gesundheitszustand (SF-36) auf das Operationsergebnis auswertbar sein wird.

Zwei weitere Ansätze zur Differenzierung sollen hier der Vollständigkeit halber erwähnt werden. Der Ansatz der RAND-Corporation stützt sich auf literaturgestützte Expertenvoten, der Ansatz von Vroomen et al. (2000) versucht, mithilfe einer klinischen Modellkonstruktion Operationsnotwendigkeiten zu prädizieren.

Laut Definition der RAND-Arbeitsgruppe ist der Einsatz einer Prozedur / Intervention dann adäquat, wenn der Nutzen im Sinne von besserer Lebensqualität, weniger Schmerzen und verbesserter Funktionsfähigkeit die prozedurabhängigen Risiken im Sinne von Mortalität, Morbidität und psychischer Belastung überwiegt.

Die RAND-Methode zur Entwicklung von Indikationsregeln für Prozeduren, für deren adäquaten Einsatz keine eindeutige Evidenz aus wissenschaftlichen Studien vorhanden ist, basiert auf systematisch zusammengeführten Expertenurteilen / -voten. Das Expertenpanel beurteilt aus für die Indikationsstellung relevanten Komponenten zusammengestellte Fallszenarien, die nach Möglichkeit die ganze Breite, in der sich ein Krankheitsbild präsentiert, abbilden sollen.

Für die Kriterien zur Beurteilung der "appropriateness" von Bandscheibenoperationen wurden sechs Aspekte zur Beschreibung der Patienten verwendet: Dauer der Symptomatik, neurologische Befunde, radiologische Befunde, vorausgegangene konservative Therapieversuche, Beeinträchtigung, laufendes Antragsverfahren auf Versicherungsleistungen. Mithilfe der unterschiedlichen Ausprägungsmöglichkeiten dieser Kriterien wurden 1000 Fallszenarien erstellt und einem multidisziplinär besetzten Panel zur Bewertung vorgelegt. Für jedes Fallszenario musste entschieden werden, ob die Indikationsstellung zur Bandscheibenoperation für adäquat, unentschieden oder inadäquat gehalten wird. Die Übereinstimmung der Bewertung, vor allem auch nach einer moderierten Paneldiskussion, zeigte, dass es unter Beachtung der oben erwähnten Aspekte möglich ist, sehr spezifische situationsangepasste Indikationskriterien zu entwerfen (Porchet et al., 1999).

Vor einer breiten Implementation der Kriterien empfehlen die Autoren allerdings zunächst eine Testung in einer prospektiven Studie, die Bestimmung des lokalen Adaptationsbedarfs, und schließlich wäre vor einem praktischen Einsatz durch Kliniker ein bedienerfreundliches Computerprogramm zu entwickeln.

Einen anderen Weg zur Entwicklung von Entscheidungskriterien für eine operativen Eingriff beschreiben Vroomen et al. (2000). Die Zielsetzung ihrer Arbeit war die Erkennung der Subgruppe von Patienten mit radikulären Syndromen, bei denen mithilfe konservativer Therapieverfahren kein zufriedenstellender Behandlungserfolg erreicht werden kann. Bei dieser Gruppe könnte dann das zeitliche Intervall bis zum operativen Eingriff und damit auch die Leidenszeit für den Patienten entscheidend abgekürzt werden. Die prospektive Studie schloss 183 Patienten mit Zeichen einer Nervenwurzelkompression aber ohne Indikation zur sofortigen Operation (Cauda-Syndrom, progrediente Lähmungen, opiatresistente Schmerzen) und ohne schwerwiegende Komorbidität ein. Die Studienteilnehmer wurden bei Aufnahme in die Studie und nach zwei Wochen untersucht. An beiden Terminen wurde ein Reihe von anamnestischen Informationen und klinischen Befunden erhoben, aus denen mit Hilfe von logistischen Regressionsverfahren zwei Modelle zur Prädiktion des operativen Eingriffs berechnet wurden. In das zweite Modell, welches mit einer Sensitivität von 57% bei einer Spezifität von 100% die Wahrscheinlichkeit eines operativen Eingriffs vorhersagt, gehen folgende Variablen ein: Dauer der Beschwerden, vorangegangene Episoden von Rücken- und / oder Beinschmerzen, Familienanamnese, mental anspruchsvolle Berufstätigkeit, Paraesthesien; nach zwei Wochen: Schmerzverschlimmerung im Sitzen, Verschlimmerung der Beinschmerzen auf VAS-Skala bzw. McGill Questionnaire; positives kontralaterales Lasègue-Zeichen.

Die Autoren weisen jedoch darauf hin, dass die erreichte Prädiktion zunächst nur für die Studienpopulation und die Indikationskriterien des Studienklinikums Gültigkeit hat. Die breitere Einsatzfähigkeit des Modells in anderen Populationen und anderen Kontextbedingungen ist noch zu evaluieren.

Zusammenfassend lässt sich feststellen, dass auf dem Boden der derzeit verfügbaren Evidenz den Empfehlungen der derzeit aktuellen deutschen Leitlinien wenig hinzuzufügen ist. Studienergebnisse deuten allerdings an, dass möglicherweise eine Verfeinerung der Indikationsstellung unter Berücksichtigung von Faktoren wie „Dauer der präoperativen Arbeitsunfähigkeit“ oder „Mono- vs. Polyradikulopathie“ möglich sein wird. Allerdings sollten derartige Empfehlungen erst auf dem Boden einer national / regional erhobenen Datenbasis ausgesprochen werden.

Zum Einfluss von psychologischen Faktoren auf das Ergebnis nach bandscheibenchirurgischen Eingriffen waren den Publikationen nur sehr begrenzte und ungenaue Informationen zu entnehmen (s.o.). Die Schlussfolgerungen von sporadisch aufgesuchten Einzelstudien sind extrem heterogen und reichen von der Feststellung, dass psychologische Faktoren die stärksten Prädiktoren für den Operationserfolg seien (z.B. Spengler et al., 1990), bis zu der Feststellung, dass psychologische Einflüsse keinen Einfluss auf den Operationserfolg haben (Hobby et al., 2001). Eine systematische Literaturübersicht zu dieser Thematik wurde bisher nicht unternommen.

Aus systematisch zusammengeführten Expertenvoten resultierende Indikationsregeln sowie aus klinischen Patientencharakteristika zusammengestellte Modelle zur Prädiktion der Operationswahrscheinlichkeit befinden sich in der Evaluationsphase.

C.6.4 Forschungsbedarf

Aus der wissenschaftlichen Literatur lassen sich derzeit keine Schlussfolgerungen ableiten, wie das zentrale Problem der Bandscheibenchirurgie, die klare und eindeutige Indikationsstellung, zu lösen ist. Es muss daher Forschungsbedarf formuliert werden.

Studien- aber auch fachübergreifend (Neurochirurgie, Neurologie, Orthopädie, physikalische Medizin, Psychologie, Sozialmedizin, klinische Epidemiologie usw.) sollten Bemühungen unterstützt werden, einen einheitlichen Ausgangsdatensatz zur Beschreibung der präoperativen bzw. prätherapeutischen Patientensituation zu erheben. Desgleichen wäre ein Katalog an zu erhebenden Outcomes abzustimmen, um Ergebnisse unterschiedlicher Studien vergleichbar zu machen. Optimal wäre ein Instrumentarium, welches auch in der Routinepraxis einsetzbar ist und so die Analyse von Routinedatenbeständen ermöglichen könnte.

Konkret lässt sich feststellen, dass zur Optimierung der Versorgung der adäquaten Patienten(gruppen) mit dem adäquaten operativen Verfahren mindestens zwei unterschiedliche Arten von wissenschaftlichen Informationen benötigt werden:

1. Es werden Informationen zu Patientencharakteristika, Krankheitsmerkmalen, Verfahrensbedingungen und Operationsergebnissen benötigt, um verlässliche Auswertungen prognostisch relevanter Faktoren zu ermöglichen. Um eine Vorselektion bestimmter Patientengruppen zu vermeiden, sollte eine Dokumentation mit regionalem Bezug, ein Operationsregister, eingerichtet werden. Hier gibt die Tatsache, dass der Eingriff durchgeführt wurde, Anlass zur Dokumentation der Patientendaten, nicht das Vorliegen bestimmter Patientencharakteristika wie bei der Rekrutierung für klinische Studien. Ein regionaler Bezug soll, gerade im Kontext des bundesdeutschen Gesundheitssystems, sicherstellen, dass Patienten registriert werden aus einer Vielzahl

von unterschiedlichen Versorgungskontexten (z.B. unterschiedliche Größe, Trägerschaft und Fachrichtung der operierenden Abteilung). Erfahrungen aus Skandinavien, z.B. mit Endoprothesenregistern, haben gezeigt, dass Rückmeldungen von Registerauswertungen an die operierenden Zentren wesentlich zur Optimierung der Operationspraxis und der –ergebnisse beitragen konnten, wobei allerdings hauptsächlich ein Optimierungspotential ausgeschöpft wurde, welches im Bereich Prozessqualität lag, weniger in der Schärfung von Indikationskriterien. Auch wenn demnächst Erfahrungen aus dem 1998 eingerichteten schwedischen Register für Rückenoperationen (vgl. Kapitel C.5.4) berichtet werden, ist, aufgrund der systemgegebenen Besonderheiten (wie z.B. unterschiedliche involvierte Fachrichtungen, die Existenz eines etablierten Rehabilitationssystems) eine eigene nationale Datenerfassung unerlässlich.

2. Wenn auch die korrekte Indikationsstellung für das zentrale Kriterium gehalten wird, welches den Erfolg oder Misserfolg von elektiven Eingriffen der Bandscheibenchirurgie determiniert, sollte dem Vergleich der Effektivität und Sicherheit der einzelnen Verfahren doch weitere Aufmerksamkeit gewidmet werden. Die neueren Verfahren (perkutane (endoskopische) Verfahren, der Einsatz von Laserstrahlung) wurden vor allem mit der Idee einer geringeren Invasivität, damit kürzerer Operationsdauer und kürzerem Klinikaufenthalt (bis hin zur ambulanten Operation) entwickelt. Ein weiterer wichtiger Aspekt der geringen Invasivität ist - auf lange Sicht – weniger Gewebetraumatisierung und damit geringere Narbenbildung zu induzieren und damit eine der postulierten Ursachen für ein „Postdiskektomiesyndroms" zu vermeiden. Unter diesem Aspekt wäre auch der Einsatz von Substanzen, die lokal eine Narbenbildung verhindern sollen (z.B. Adcon-R Gel), einzuordnen.

Informationen fehlen darüber hinaus zur Rolle der Chemonukleolyse als Intermediärverfahren zwischen konservativem und invasivem Vorgehen, zur relativen klinischen Wirksamkeit und Kostenwirksamkeit von mikrochirurgischen versus offenen chirurgischen Eingriffen und zur Stellung der laserchirurgischen und perkutanen automatisierten Verfahren. Insbesondere besteht ein Bedarf an Langzeitstudien, um den Stellenwert des chirurgischen Eingriffs im Kontext des Spontanverlaufs des Krankheitsbildes klarzustellen. Prognostische Studien, ebenso wie die Registerdaten, sollten auch die Analyse von psychologischen Einflussfaktoren integrieren.

Vor dem Hintergrund der Literaturanalyse des Cochrane Review, dem bis zum Redaktionsschluss für diesen Bericht durch keine relevanten neuen Ergebnisse hinzuzufügen waren, wäre der Stellenwert der neuen Verfahren in weiteren randomisierten kontrollierten Studien zu eruieren, vorzugsweise im Vergleich zu konservativen Behandlungsformen.

C.7 Schlussfolgerungen

1. Bei bestehenden Indikationskriterien (kein Ansprechen auf konservative Therapie, Überwiegen von Bein- über Rückenschmerzen, kongruente klinische und radiologische Befunde, konkordante Patientenpräferenzen) sind, zumindest für einen Zeitraum von einem Jahr, die operativen Behandlungserfolge denen des konservativen Vorgehens überlegen (Zielgröße: übergreifendes Patienten- und Arzturteil: Eingriff erfolgreich). Dieser Vorteil scheint sich in längeren Beobachtungszeiträumen wieder zu verlieren. Standarddiskektomie und Mikrodiskektomie zeigten in kontrollierten Studien vergleichbare Wirksamkeit. Für die neueren perkutanen Verfahren liegen für eine fundierte Bewertung keine ausreichenden Daten vor.

Ihre Anwendung sollte auf den Einsatz unter kontrollierten Bedingungen (Studienbedingungen) begrenzt werden (s.u.).

Der Stellenwert der Chemonukleolyse, als intermediäres Verfahren zwischen konservativer und operativer Therapie, begründet sich bei adäquater Indikationsstellung (Anulus Fibrosus intakt, d.h. keinesfalls seqestrierte Bandscheiben) durch seine geringere Invasivität – kommt aber nur für einen Teil der betroffenen Patienten infrage.

2. Derzeit ist davon auszugehen, dass 15% der Eingriffe an der lumbalen Bandscheibe als Misserfolge bezeichnet werden müssen, unabhängig vom eingesetzten Verfahren. Es wird postuliert, dass die Therapieversager vor allem auf falsche Indikationsstellungen zurückzuführen sind. Die derzeit publizierten Studiendaten liefern allerdings keine ausreichende Evidenz für konkrete Schlussfolgerungen zu den Auswirkungen von patienten- oder krankheitsabhängigen Einflussgrößen (über die oben erwähnten: kein Ansprechen auf konservative Therapie, Überwiegen von Bein- über Rückenschmerzen, kongruente klinische und radiologische Befunde, konkordante Patientenpräferenzen - hinaus) die bei der Formulierung von Indikationskriterien einzubringen wären.

Es lässt sich feststellen, dass zur Optimierung der Versorgung der adäquaten Patienten(gruppen) mit dem adäquaten operativen Verfahren mindestens zwei unterschiedliche Arten von wissenschaftlichen Informationen benötigt werden:

a) Ein Operationsregister mit Informationen zu Patientencharakteristika, Krankheitsmerkmalen, Verfahrensbedingungen und Operationsergebnissen erlaubt verlässliche Auswertungen prognostisch relevanter Faktoren. Der regionale Bezug soll, gerade im Kontext des bundesdeutschen Gesundheitssystems, sicherstellen, dass Patienten aus einer Vielzahl von unterschiedlichen Versorgungskontexten (z.B. unterschiedliche Größe, Trägerschaft und Fachrichtung der operierenden Abteilung) registriert werden. Prognostische Studien, ebenso wie die Registerdaten, sollten auch die Analyse von psychologischen Einflussfaktoren integrieren.

b) Informationen fehlen darüber hinaus zur Rolle der Chemonukleolyse als Intermediärverfahren zwischen konservativem und invasivem Vorgehen, zur relativen klinischen Wirksamkeit und Kostenwirksamkeit von mikrochirurgischen versus offenen chirurgischen Eingriffen und zur Stellung der laserchirurgischen und perkutanen automatisierten Verfahren. Der Stellenwert der neuen Verfahren ist in weiteren randomisierten kontrollierten Studien zu eruieren, vorzugsweise im Vergleich zu konservativen Behandlungsformen. Insbesondere besteht ein Bedarf an Langzeitstudien, um den Stellenwert des chirurgischen Eingriffs im Kontext des Spontanverlaufs des Krankheitsbildes klarzustellen.

C.8 Zitierte Literatur

1. Abramovitz JN, Neff SR: Lumbar Disc Surgery: Results of the prospective Lumbar Discectomy of the Joint Section on Disorders of the Spine and Peripheral Nerves of the American Association of Neurological Surgeons and the Congress of Neurological Surgeons. Neurosurgery 29: 301-308; 1991
2. Agency for Health Care Administration (AHCA), Florida: Universe of Florida patients with low back pain or injury. 1996
3. Ahn UM, Ahn NU, Buchowski JM, Garrett ES, Sieber AN, Kostuik JP: Cauda Equina-Syndrome Secondary to Lumbar Disc Herniation. A Meta-Analysis of Surgical Outcomes. Spine 25(12): 1515-1522; 2000
4. American Academy of Orthopedic Surgeons (AAOS), North American Spine Society: Clinical guideline on low back pain. 1996
5. ANAES: Prise en Charge Diagnostique et Thérapeutique des Lombalgies et Lombosciatique communes de moins de trois mois d'évolution. 2000
6. Atlas SJ, Deyo RA, Keller RB: The Maine Lumbar Spine Study II: One Year Outcomes of surgical and non-surgical Management of sciatica. Spine 21: 1777-86; 1996
7. Benoist M, Bonneville JF, Lassale B, Runge M, Gillard C, Vazquez Suarez J, Deburge A: A randomized, double-blind study to compare low-dose with standard-dose chymopapain in the treatment of herniated lumbar intervertebral discs. Spine;18: 28-34; 1993
8. Bessette L, Liang MH, Lew RA, Weinstein JN: Classics in spine surgery revisited. Spine 21: 259-63; 1996
9. Bigos S, Bowyer O, Braen G et al.: Acute Low Back Problems in Adults. Clinical Practice Guideline No 14. AHCPR Publication No. 95-0642. Rockville, MD: Agency for Health Care Policy and Research, Public Health Service, U.S. Department of Health and Human Services. December 1994
10. Bontoux D, Alcalay M, Debiais F, Garrouste O, Ingrand P, Azais I, Roualdes G: Traitement des hernies discales lombaires par injection intradiscale de chymopapaine ou d'hexacetonide de triamcinolone. Etude comparée de 80 cas. Rev Rhum Mal Osteoartic 57: 327-31; 1990
11. Bourgeois P, Benoist M, Palazzo E, Belmatoug N, Folinais D, Frot B, Busson G, Lassale P, Montagner C, Binoche T, et al.: Etude en double aveugle randomisee multicentrique de l'hexacetonide de triamcinolone versus chymopapaine dans le traitement de la lombosciatique discale. Premiers resultats à six mois. Rev Rhum Mal Osteoartic 55: 767-9; 1988
12. Boult M, Fraser RD, Jones N, Osti O, Dohrmann P, Donnelly P, Liddell J, Maddern G: Percutaneous Endoscopic Laser Discectomy. Aust N Z J Surgery 70: 475-479; 2000
13. Bromley JW, Varma AO, Santoro AJ, Cohen P, Jacobs R, Berger L: Double-blind evaluation of collagenase injections for herniated lumbar discs. Spine 9: 486-8; 1984
14. Bundesausschuss der Ärzte und Krankenkassen: Bekanntmachung über die Neufassung der Richtlinien über die Einführung neuer Untersuchungs- und Behandlungsmethoden und über die Überprüfung erbrachter vertragsärztlicher Leistungen. Bundesanzeiger, 21. März 2000
15. Burton K, Tillotson KM, Cleary J: Single-blind randomised controlled trial of chemonucleolysis and manipulation in the treatment of symptomatic lumbar disc herniation. European Spine Journal 9: 202-207; 2000
16. CBO: Consensus Het Lumbosacrale Radikulaire Syndroom. 1995

17. Cherkin D, Deyo R, Street J, Barlow W: Predicting poor outcomes for back pain seen in primary care using patients own criteria. Spine: 290-7; 1996

18. Clarke M, Oxman AD, editors: Cochrane Reviewers Handbook 4.1 [updated June 2000]. In: Review Manager (RevMan) [Computer program]. Version 4.1. Oxford, England: The Cochrane Collaboration, 2000

19. Clinical Standards Advisory Group report on back pain. CSAG. London: HMSO: 9-21; 1994

20. Danish Institute for Health Technology Assessment: Low Back Pain. Frequency Management and Prevention from an HTA Perspective. Danish Health Technology Assessment 1(1); 1999

21. Dauch WA, Fasse A, Brücher K, Bauer BL: Prädiktoren des Behandlungserfolges nach mikrochirurgischer Operation lumbaler Bandscheibenvorfälle. Zentralblatt für Neurochirurgie 55: 144-155; 1994

22. Davis H: Increasing rates of cervical and lumbar spine surgery in the United States 1979-90. Spine 19: 1117-1124; 1994

23. Davis RA: A longterm analysis of 984 surgically treated herniated lumbar discs. J Neurosurg 80: 415-421; 1984

24. Deutsche Gesellschaft für Neurochirurgie: Degenerative lumbale Nervenwurzelkompression. Autorisiert zur elektronischen Publikation in AWMF online: awmf@uni-duesseldorf.de, Januar 1999

25. Deutsche Gesellschaft für Orthopädie und Traumatologie + Berufsverband der Ärzte für Orthopädie (Hrsg.): Leitlinien der Orthopädie. Dt. Ärzte-Verlag, Köln, S. 21ff; 1999

26. Deutsche Gesellschaft für Physikalische Medizin und Rehabilitation: Leitlinie: Bandscheibenvorfall. Autorisiert für die elektronische Publikation in AWMF online: awmf@uni-duesseldorf.de; 25.11.1997

27. Deyo R, Rainville J, Kent DL: What can the history and physical examination tell us about low back pain? JAMA 268(2): 760-5; 1992

28. Deyo R: Measuring the functional status of patients with low back pain. Arch Phys Med Rehabil 69: 1044-53; 1988

29. Deyo RA, Battie M, Beurskens AJHM, Bombardier C, Croft P, Koes B, Malmivaara A, Roland M, von Korff M, Waddell G: Outcome Measures for Low Back Pain Research. A proposal for standardized use. Spine 23(18): 2003-2013; 1998

30. Deyo RA, Weinstein JN: Low Back Pain. NEJM 344(5): 363-370; 2001

31. Dvorak J, Gauchat MH, Valach L: The Outcome of Surgery for Lumbar Disc Herniation. I. A 4-7 Year's Follow-Up with Emphasis on Somatic Aspects. Spine 13: 1418-1422; 1988

32. Fryback DG, Dasbach EJ, Klein R: The Beaver Dam Health Outcome Study: Initial Catalog of Health-State Quality Factors. Medical Decision Making 13: 89-102; 1993

33. Frymoyer JW: Radiculopathies: Lumbar Disc Herniation and Recess Stenosis - Patient Selection, Predictors of Success and Failure, and Non-Surgical Treatment Options. In: Frymoyer JW, Ducker TB, Hadler NM, Kostuik JP, Weinstein JN, Whitecloud TS (eds.): The Adult Spine Principles and Practice. Vol II pp. 1719. Raven Press - New York, 1995

34. Gill K, Frymoyer JW: The management of treatment Failures after Decompressive Surgery. In: In: Frymoyer JW, Ducker TB, Hadler NM, Kostuik JP, Weinstein JN, Whitecloud TS (eds.): The Adult Spine Principles and Practice. Vol II pp. 1849. Raven Press - New York, 1995

35. Gogan WJ, Fraser RD: Chymopapain. A 10-year double-blind study. Spine 17(4): 388-394; 1992

36. Gibson JNA, Grant IC, Waddell G: Surgery for lumbar disc prolapse (Cochrane Review). In: The Cochrane Library, Issue 3, Oxford: Update, 2000.

37. Hedtmann A, Fett H, Steffen R, Kramer J: Chemonukleolyse mit Chymopapain und Kollagenase. 3-Jahres-Ergebnisse einer prospektiv-randomisierten Studie. Z Orthop Ihre Grenzgeb 130: 36-44; 1992

38. Henriksen L, Schmidt V, Eskesen V, Jantzen E: A controlled study of microsurgical versus standard lumbar discectomy. Br J Neurosurg 10: 289-293; 1996

39. Herron LD, Turner JA: Patient Selection for Lumbar Laminectomy and Discectomy with a revised objective rating system. Clinical Orthopedics 199: 145-152; 1985

40. Hirsch C, Nachemson A: The reliability of Lumbar Disc Surgery. Clinical Orthopedics 29: 189-195; 1963

41. Hobby JL, Lutchman LN, Powell JM, Sharp DJ: The distress and risk assessment method (DRAM). J Bone and Joint Surg Br 83(1): 19-21; 2001

42. Hoffman RM, Wheeler KJ, Deyo RA: Surgery for herniated lumbar discs: a literature synthesis. J Gen Int Med 8: 487-96; 1993

43. Howe J, Frymoyer JW: The effects of questionnaire design on the determination of end results in lumbar spinal surgery. Spine 10: 404-405; 1985

44. Hurme M, Alaranta H: Factors predicting the result of surgery for lumbar intervertebral disc herniation. Spine 12: 933-938; 1987

45. Jackson RP, Becker GJ, Jacobs RR: The Neuroradiographic Diagnosis of Lumbar Herniated Nucleus Pulposus. I. A Comparison of Computed Tomography (CT), Myelography, CT-Myelography, Discography, and CT-Discography. Spine 14: 1356-1361; 1989

46. Jönsson B, Strömqvist B: Uppföljning av Ländryggskirurgi i Sverige 1999 (Mai 2000 persönliche Kommunikation)

47. Jones A, Stambough J, Bakerston R, Rothman R, Booth R: Long term results of lumbar spine surgery complications by incidental durotomy (abstract). Spine 14: 443; 1989

48. Junge A, Dvorak J, Ahrens S: Predictors of Bad and Good Outcomes of Lumbar Disc Surgery – A Prospective Clinical Study With Recommendations for Screening to avoid Bad Outcomes. Spine 20: 460-468; 1995

49. Junge A, Fröhlich M, Ahrens S: Pedictors of Bad and Good Outcomes of Lumbar Spine Surgery - A Prospective Clinical Study with 2 Years Follow-Up. Spine 21: 1056-1065; 1996

50. Kambin P et Sampson S: Posterolateral percutaneous suction-excision of herniated lumbar intervertebral discs. Report of interim results. Clinical Orthopedics 207:37-43; 1986

51. Kambin P, Gennarelli T, Hermantin F: Minimally invasive techniques in spinal surgery: current practice. Neurosurgical Focus 4(2): Article 8; 1998

52. Kast E, Antoniades G, Richter HP: Epidemiologie der Bandscheibenoperationen in der Bundesrepublik Deutschland. Zentralblatt für Neurochirurgie 61: 22-25; 2000

53. Keskimäki I, Seitsalo S, Österman H, Rissanen P: Reoperations after Lumbar Disk Surgery. Spine 25(12): 1500-1508; 2000

54. Kosteljanetz M, Bang F, Schmidt-Olsen S: The Clinical Significance of Straight Leg raising (Lasègue's sign) in the diagnosis of Prolapsed Lumbar Disc – Interobserver variation and correlation with surgical finding. Spine 13: 393-395; 1988

55. Kostuik JP, Harrington I, Alexander D: Cauda Equina-Syndrome and lumbar disk herniation. Journal of Bone and Joint Surgery A: 68: 386-391; 1986

56. Krämer J, Schleberger R, Hedtmann A: Bandscheibenbedingte Erkrankungen. Thieme, Stuttgart, 1994

57. Krämer J, Ludwig J: Die operative Behandlung des lumbalen Bandscheibenvorfalls. Der Orthopäde 28: 579-584; 1999

58. Krugluger J: Minimal invasive Wirbelsäulenchirurgie: Techniken zur Bandscheibentherapie. Jatros Orthopädie Nr. 5, Wien, 1999

59. Krugluger J, Knahr K: Chemonucleolysis and automated percutaneous discectomy - a prospective randomised controlled comparison. International Orthopedics (SICOT) 24: 167-169; 2000

60. Laerum E, Dullerud R, Grundnes O, Haagensen Ö, Indahl Aa, Ljunggren AE, Magnaes B, Nygaard Ö, Salvesen R, Kjonnigsn I: Lumbalt Skiveprolaps med Rotaffeksjon. SINTEF Unimed, Oslo, ISBN 182-14-02402-1; 2001

61. Larequi-Lauber T, Vader JP, Burnand B, Brook RH, Kosecoff J, Sloutskis D, Frankhauser H, Berney J, de Tribolet N, Paccaud F: Appropriateness of Indications for Surgery of Lumbar Disc Hernia and Spinal Stenosis. Spine 22(2): 203-209; 1997

62. Lagarrigue J, Chaynes P: Etude comparative de la chirurgie discale avec et sans microscope. Neurochirurgie 40: 116-20; 1994

63. Lewis PJ, Weir BKA, Broad RW, Grace MG: Long-term prospective study of lumbosacral discectomy. Journal of Neurosurgery 67: 49-53; 1987

64. Liang MH, Katz JN: Clinical Evaluation of Patients with a Suspected Spine Problem. In: Frymoyer JW (ed. in chief): The Adult Spine Raven Press, New York, Vol. I: 223-239; 1991

65. Lühmann D, Hauschild B, Raspe H: Hüftgelenkendoprothetik bei Osteoarthrose - eine Verfahrensbewertung. Nomos, Baden-Baden, 2000

66. McNab: Negative disk exploration. An analysis of the causes of nerve root involvement in sixty eight patients. Journal of Bone and Joint Surgery 53-A: 891-903; 1971

67. Manniche C, Asmussen KH, Vinterberg H: Analysis of preoperative prognostic factors in first-time surgery for lumbar disc herniation, including Finneson´s and modified Spengler´s Score Systems. Danish Medical Bulletin 41: 110-115; 1994

68. Mixter WJ, Barr JS: Rupture of the intervertebral disk with involvement of the spinal canal. New England Journal of Medicine 211: 210-215; 1934

69. Modic MT, Masaryk T, Boumphrey Goormastic M, Bell G: Lumbar herniated disk disease and canal Stenosis: Prospective Evaluation by Surface Coil MR, CT, And Myelography. Amercian Journal of Radiology 147: 757-765; 1986

70. Mohsenipour I, Friessnigg HP, Schmutzhard E: Regressionstendenz neurologischer Defizite nach Nervenwurzelläsionen durch lumbale Diskushernien. Zentralblatt für Neurochirurgie 54: 58-65; 1993

71. Nachemson A: Introduction. In: Nachemson A, Jönsson E (eds.): Neck and Back Pain: The Scientific Evidence of Causes, Diagnosis, and Treatment. Lippincott, Williams & Wilkins, 2000

72. Nachemson A, Vingaard E: Assessment of patients with neck and back pain. In: Nachemson AL, Jonsson E: Neck and Back Pain. The Scientific Evidence of Causes, Diagnosis, and Treatment. Lippincott, Williams & Wilkins, Philadelphia, 2000

73. Onik, G, Helms CA, Ginsburg L: Percutaneous lumbar discectomy using a new aspiration probe. American Jounal of Radiology 144: 1137-1140; 1985

74. Patrick DL., Deyo RA, Atlas SJ, Singer DE, Chapin A, Keller RB: Assessing health related quality of life in patients with sciatica. Spine 20: 1899-1909; 1995

75. Phillips B, Ball C, Sackett D, Badenoch D, S Straus, Haynes B, Dawes M: Levels of Evidence and Grades of Recommendations. Center for Evidence-based medicine, Oxford, UK (http://cebm.jr2.ox.ac.uk/docs/levels.html accessed Nov 15th 2001

76. Porchet F, Vader JP, Larequi-Lauber T, Costanza MC, Burnand B, Dubois RW: The assessment of appropriate indications for laminectomy. J Bone Joint Surg Br. 81(2): 234-9; 1999

77. Revel M, Payan C, Vallee C: Automated percutaneous lumbar discectomy versus chemonucleolysis in the treatment of sciatica: Spine 18: 1-7; 1993

78. Roland M, Morris R: A study of the natural history of back pain. I: Development of a reliable and sensitive measure of disability in low back pain. Spine 8: 141-4; 1983

79. Rompe JD, Eysel P, Zöllner J, Heine J: Prognostic criteria for works resumption after standard lumbar discectomy. Eur Spine J: 8: 132-137; 1999

80. Saal JA, Saal JS: Nonoperative treatment of herniated lumbar intervertebral disc with radiculopathy - an outcome study. Spine 14: 431-437; 1989

81. Sackett DL: Rules of evidence and clinical recommendations on the use of antithrombotic agents. Chest 95(2 Suppl.): 2s-4s; 1989

82. Savitz MH, Doughty H, Burns P: Percutaneous lumbar discectomy with a working endoscope and laser assistance. Neurosurgical Focus 4(2): Article 9; 1998

83. Scale D, Zichner L: Spontanverlauf beim lumbalen Bandscheibenvorfall. Orthopäde 23: 236-242; 1994

84. Seelig W, Nidecker A: Schmerzen nach Operationen an der Lendenwirbelsäule. Das „Failed Back Syndrom". Zeitschrift für Orthopädie 127: 346-353; 1989

85. Shapiro S: Medical Realities of Cauda Equina-Syndrome Secondary to Lumbar Disc Herniation. Spine 25(3): 348-352; 2000

86. Smith L: Enzyme dissolution of nucleus pulposus in humans. JAMA 187: 137-40; 1964

87. Spangfort EV: The lumbar disk herniation. Acta Orthop Scand Suppl 142: 43-69; 1972

88. Spengler DM, Ouelette EA, Battie M, Zeh J: Elective discectomy for herniation of lumbar disc – additional experience with an additional method. Journal of Bone and Joint Surgery A: 72: 230-237; 1990

89. Stevens CD, Dubois RW, Larequi-Lauber T, Vader J-P: Efficacy of lumbar discectomy and percutaneous treatments for lumbar disc herniation. Soz-Präventivmed 42: 367-79; 1997

90. Tilscher H, Hanna M: The causes of poor results of surgery in low back pain. In: Paterson JK, Burn L: Back Pain – An international Review. Kluwer Academic Publishers, Dordrecht, 1990

91. Thornbury JR, Fryback DG, Turski PA: Disk-caused nerve compression in patients with acute low-back pain: Diagnosis with MRI, CT myelography and plain CT. Radiology 186: 731-738; 1993

92. Thorvaldsen P, Sorensen EB: Shortterm Outcome in lumbar Spine Surgery. A prospective study. Acta Neurochirurgica 101: 121-125; 1989

93. Ulrich HW: Automatisierte perkutane Nukleotomie. Indikation, Technik und Ergebnisse nach 2 Jahren. Zeitschrift für Orthopädie und ihre Grenzgebiete 130: 45-50; 1992

94. Vader JP, Porchet F, Larequi-Lauber T, Dubois R, Burnand B: Appropriateness of Surgery for Sciatica. Reliability of Guidelines from Expert Panels. Spine 25(14): 1831-1836; 2000

95. van den Hoogen MM, Koes BW, van Eijk JTM, Bouter LM: On the Accuracy of History, Physical Examination, and Erythrocyte Sedimentation Rate in Diagnosing Low Back Pain in General Practice. Spine 20(3): 318-327; 1995

96. van Tulder M, Assendelft WJJ, Koes BW, Bouter LM: Spinal Radiographic Findings and Nonspecific Low Back Pain. Spine 22(4): 427-434; 1997

97. ver Brugghen, A: Massive extrusion of the lumbar intervertebral discs. Surgery Gynaecology and Obstetrics 81: 269-277; 1945

98. Vroomen P, de Krom M, Wilmink JT, Kester A, Knottnerus JA: Lack of effectiveness of bed rest for sciatica. The New England Journal of Medicine 340(6): 418-423; 1999

99. Vroomen PCAJ, de Krom MCTFM, Knottnerus JA: When does the patient with a disc herniation undergo lumbosacral discectomy? J Neurol Neurosurg Psychiatry 68: 75-79; 2000

100. Waddell G, Morris EW, Di Paola MP, Bircher M, Finlayson D: A Concept of Illness Tested as an Improved Basis for Surgical Decisions in Low Back Pain. Spine 11: 712-719; 1986

101. Waddell G, McIntosh A, Hutchinson A, Feder G, Lewis M: Low Back Pain Evidence Review London: Royal College of General Practitioners; 1999

102. Waddell G et al.: Surgical Treatment of Lumbar Disc Prolapse and Degenerativ Lumbar Disc Disease. In: Nachemson A, Jönsson E (eds.): Neck and Back Pain: The Scientific Evidence of Causes, Diagnosis, and Treatment. Lippincott, Williams & Wilkins, 2000

103. Wardlaw D: Experience with Chemonucleolysis. In: Aspden RM, Porter RW (eds.): Lumbar Spine Disorders. World Scientific Publishing, Singapore pp: 167-184; 1995

104. Ware JE, Kosinski, Keller SD: A 12-item short form health survey. Medical Care 34: 220-33; 1996

105. Ware JE, Sherbourne C: The MOS 36-item short form survey (SF-36): I Conceptional Framework and Item Selection. Medical Care 30: 473-483; 1992

106. Watts C, Hutchison G, Stern J, Clark K: Comparison of intervertebral disc disease treatment by chymopapain injection and open surgery. J Neurosurg 42: 397-400, 1975

107. Watts RW, Silagy CA: A meta-analysis on the efficacy of epidural corticosteroids in the treatment of sciatica. Anaesth Intens Care 1995;23: 564-69.

108. Weber H: Lumbar disc herniation. A controlled, prospective study with ten years of observation. Spine 1983;8(2): 131-40, 1983

109. Weber H, Holme I, Amlie E: The Natural Course of Acute Sciatica with Nerve Root Symptoms in a Double-Blind Placebo controlled Trial Evaluating the Efficacy of Pirocicam. Spine 18(11): 1433-1438; 1993

110. Weber H: The Natural History of Disc Herniation and the Influence of Intervention. Spine 19(19): 2234-2238; 1994

111. Wietlisbach V, Vader JP, Porchet F, Costanza MC, Burnand B: Statistical approaches in the development of clinical practice guidelines from expert panels: the case of laminectomy in sciatica patients. Medical Care 37(8): 785-97; 1999

112. WSMA: Criteria for Entrapment of a single nerve root: In: Medical Treatment Guidelines. Washington State Department of Labour and Industries, 1999

113. WSMA: Cauda Equina. In: Medical Treatment Guidelines. Washington State Department of Labour and Industries, 1999

114. Yorimitsu E, chiba K, Toyama Y, Hirabayashi K: Long-Term Outcomes of Standard Discectomy for Lumbar Disc Herniation. Spine 26: 652-657; 2001

Glossar

Anulus Fibrosus: Die Bandscheibe umgebender äusserer Faserring.

Cauda equina: Das pferdeschweifförmige Nervenfaserbündel am Ende des Rückenmarks, und zwar die gebündelten vorderen u. hinteren Spinalnervenwurzeln des Lenden- u. Sakralmarks um das Filum terminale; füllt – unterhalb des Conus medullaris – den Lenden- u. Kreuzbeinteil des Spinalkanals aus.

Cauda Syndrom: Krankheitszeichen infolge Schädigung der Cauda Equina z.B. als Unfall-, Tumorfolge, bei Bandscheibenvorfall. Unter heftigen Schmerzen einsetzende schlaffe Lähmung der Beine mit Areflexie sowie radikulär verteilte (den Spinalnervenwurzelschädigungen entsprechende) Störungen aller Qualitäten der Sensibilität (in Form einer »Reithosenanästhesie«), Blasen- und Mastdarmstörungen.

Caudal: schwanzwärts (wörtliche Übersetzung), zum unteren Ende der Wirbelsäule hin, unten.

Dura mater: Harte Hirnhaut, äussere der drei Umhüllungen des zentralen Nervensystems (Gehirn und Rückenmark).

Facettengelenke: Die kleinen Gelenke zwischen den einzelnen Wirbeln

Ischialgie: Lumbosakrales Wurzelreizsyndrom mit Spontan- u. Dehnungsschmerzen, Empfindlichkeit typischer Nervendruckpunkte, Sensibilitätsstörungen, Ausfällen von Reflexen und Motorik, vegetativen Symptomen (Ödem, vasomotorische Störungen), Muskelhartspann, Wirbelsäulenstarre, evtl. Skoliose.

Konservativ: In diesem Zusammenhang: nicht-operativ.

Kranial: Kopfwärts (wörtliche Übersetzung), zum oberen Ende der Wirbelsäule hin, oben.

Kyphose: Nach hinten konvext Verbiegung der Wirbelsäule in der Sagittalebene.

Lasègue-Test: Untersuchung auf Dehnschmerz des Ischias-Nerven.

Lateral: Seitlich, seitwärts, zur Seite hin.

Lordose: Nach vorn konvexe Verbiegung der Wirbelsäule in der Sagittalebene.

Lumbago: Kreuzschmerzen,"Hexenschuß".

Metaanalyse: Die statistische Synthese der Resultate (Outcome) aus verschiedenen, vergleichbaren Studien zum gleichen oder einem ähnlichen Thema. Das Zusammenfassen der verschiedenen Resultate zu einem „Metaresultat", quasi dem Mittelwert, wird „pooling" genannt. Das Ziel einer Meta-Analyse ist, durch poolen der Daten hohe Patientenzahlen zu erlangen und einen Trend über die Effektivität z.B. einer Intervention aufzuzeigen. Meta-Analysen haben eine qualitative Komponente, nämlich das die eingeschlossenen Studien definierten Qualitätsmerkmalen gehorchen müssen, und eine quantitative Komponente, was der numerischen Integration der Daten entspricht. Meta-Analysen und systematic reviews besitzen das höchste Evidenzniveau, da die Qualität aller eingeschlossenen Studien auf das Vorliegen systematischer Fehler (Bias) überprüft wird. Die Begriffe Meta-Analyse und systematische Übersicht (systematic review) werden teilweise synonym verwendet (www.evimed.ch).

Nukleus Pulposus: Bandscheibenkern, bestehend aus wasserbindender Gallertsubstanz.

Odds Ratio: Die Odds Ratio oder relative Odds beschreiben das Verhältnis zweier Odds zueinander. In der Gruppe der Exponierten sind a die Erkrankten und b die Nichterkrankten. In der Gruppe der Nichtexponierten sind c die Erkrankten und d die Nichterkrankten. Odds für die Exponierten= a/b. Odds für die Nichtexponierten= c/d. Das Verhältnis der zwei Odds zueinander lautet dann a/b/c/d oder a*d/c*b. Im Vergleich dazu lautet das Relative Risiko: a/(a+b)/c/(c+d). Da die Odds ein Verhältnis beschreibt, heisst „kein Unterschied" eine Odds Ratio von 1. Ist der Wert grösser oder kleiner als 1, so bedeutet dies, dass die Chance für ein Ereignis in der einen Gruppe höher resp. reduziert (Schutz einer Intervention vor einem Ereignis) wird. Die Odds Ratio und das relative Risiko sind vergleichbar wenn die Prävalenz einer Erkrankung tief respektive wenn eine Erkrankung selten ist. Bei hoher Prävalenz approximiert die Odds Ratio das relative Risiko weniger genau (www.evimed.ch).

Prolaps: Vorfall; hier: der Bandscheibe. Nukleus Pulposus-Material tritt aus durch Risse im Anulus Fibrosus. Das ausgetretene Material kann noch mit dem Nukleus Pulposus in Verbindung oder aber frei (sequestriert) im Epiduralraum liegen.

Protrusion: Vorwölbung, Vorschiebung; hier: der Bandscheibe. Bei der Protrusion sind Anulus Fibrosus, hinteres Längsband und die Epiduralmembran noch intakt.

Reha: Rehabilitation, Wiedereingliederung in die Gesellschaft. In diesem Zusammenhang: Anschlussheilbehandlung

Retroflexion: Beugung nach hinten

Rotation: Drehung

Ruptur: Riss

Spinalnerven: Aus dem Rückenmark austretenden Nerven

Syndrom: Eine Ansammlung verschiedener Krankheitszeichen, die bekannter- oder vermutetermaßen

Systematische Literaturübersicht: Unter einem „systematic review" versteht man die kritische Interpretation und Zusammenfassung möglichst aller Informationen zu einem bestimmten Thema. „Systematisch" bezieht sich dabei auf das systematische Identifizieren aller Informationen zu einem bestimmten Thema sowie auf die systematische kritische Beurteilung der Qualität ausgewählter Arbeiten. Sorgfältig durchgeführte "Systematic Reviews" liefern die sichersten und genauesten Informationen zu einem bestimmten Thema. In einer Übersichtsarbeit wird in kurzer und übersichtlicher Form das dem Verfasser zu einem bestimmten Thema oder zu einer speziellen Frage wichtig und richtig scheinende zusammengefasst. Für den Leser besteht die Möglichkeit, sich innerhalb kurzer Zeit einen Überblick über ein bestimmtes Thema zu verschaffen. Der Nachteil einer Übersichtsarbeit kann, muss aber nicht unbedingt sein, dass diese vorwiegend die persönliche Meinung eines Autors widerspiegelt und dass die Literatur nicht systematisch gesucht wurde (www.evimed.ch).

Thorax: Brustkorb; Brustraum.

Tiefensensibilität: Wahrnehmung der Stellung der Gelenke und des Spannungsgrades der Muskeln. (Zur Tiefensensibilität gehört auch das Vibrationsempfinden).

Tomographie: Schichtaufnahmeverfahren zur Darstellung von Organschichten in genau abzumessenden Tiefen und Abständen.

Übersichtsarbeit: In einer Übersichtsarbeit wird in kurzer und übersichtlicher Form das dem Verfasser zu einem bestimmten Thema oder zu einer speziellen Frage wichtig und richtig scheinende zusammengefasst. Für den Leser besteht die Möglichkeit, sich innerhalb kurzer Zeit einen Überblick über ein bestimmtes Thema zu verschaffen. Der Nachteil einer Übersichtsarbeit kann, muss aber nicht unbedingt sein, dass diese vorwiegend die persönliche Meinung eines Autors widerspiegelt und dass die Literatur nicht systematisch gesucht wurde.

Ventral: vorne, bauchwärts

Zentralnervensystem = (ZNS): Gehirn und Rückenmark; der Reizverarbeitung und -beantwortung sowie der Bewußtseinsbildung und den Denkprozessen (Gehirn) dienendes Integrationszentrum des Nervensystems.

Anhang

1. Datenbankrecherchen:

Databases (DARE, NHS EED, HTA)

Schritt:	Suchbegriffe	Treffer
1	back(w)pain or disc(w)disease or disk(w)disease or spinal(w)stenosis or spondylosis/All fields	128

Die weitere manuelle Auswahl erfolgte nach folgenden Kriterien:

Patienten: mit lumboischialgen Beschwerden bzw. gesicherten Diskushernien

Intervention: bandscheibenchirurgische Eingriffe (im Vergleich untereinander oder zu nicht-operativen Therapieverfahren)

Zielgrößen: Wirksamkeit (Schmerzen, Funktion, Lebensqualität, Berufstätigkeit), Komplikationen

Studientyp: HTA-Bericht; systematischer Review

9 Publikationen wurden so zur weitergehenden Analyse selektiert. Von diesen wurden weiterhin zwei Doppelpublikationen und eine Referenz auf ein laufendes Projekt ausgeschlossen. Für die Analyse im Rahmen des vorliegenden Berichtes konnten somit 8 HTA-Berichte und systematische Übersichten identifiziert werden.

1. SBU: Back pain, Neck pain - systematic review. Swedish Council on Technology Assessment in Health Care. Stockholm: Swedish Council on Technology Assessment in Health Care (SBU) 2000: pp 806.
2. DIHTA: Low-back pain: frequency, management and prevention from an HTA perspective. Danish Institute for Health Technology Assessment (DIHTA) 1999 (1(1)): 106.
3. Stevens C D, Dubois R W, Larequi-Lauber T, Vader J P: Efficacy of lumbar discectomy and percutaneous treatments for lumbar disc herniation. Sozial- und Präventivmedizin 42: 367-379; 1997
4. Evans G, Richards S: Low back pain: an evaluation of therapeutic interventions. Bristol: University of Bristol, Health Care Evaluation Unit: p176; 1996
5. Malter A D, Larson E B, Urban N, Deyo RA: Cost-effectiveness of lumbar discectomy for the treatment of herniated intervertebral disc. Spine: 21(9): 1048-1054; 1996
6. Hoffman R M, Wheeler K J, Deyo R A: Surgery for herniated lumbar disc: a literature synthesis. Journal of General Internal Medicine 8 (120 supplement 1): 487-496; 1993
7. Gibson JNA, Grant IC, Waddell G. Gibson JNA, Grant IC, Waddell G: Surgery for lumbar disc prolapse. Surgery for lumbar disc prolapse (Cochrane Review). In: The Cochrane Library, Issue 3, 2000. Oxford: Update Software.

Von diesen Publikationen war die Arbeit von Evans et Richards, 1996 nicht mehr verfügbar. Die Ergebnisse der Studie von Malter et al. sind in den Cochrane Review bzw. den HTA-Bericht des SBU eingegangen.

Im Rahmen des vorliegenden Gutachtens werden somit, aus der Recherche der Cochrane Library resultierend, fünf Arbeiten im Einzelnen präsentiert.

2. Health Star (1999-2000)

Citations Found	Query As Sent	Explanation
1882	explode *diskectomy OR *diskectomy (tw) OR intervertebral disk chemolysis (mh) or intervertebral (tw) and disk (tw) and chemolysis (tw) or intervertebral disk chemolysis (kw)	(*Spinal Fusion) (*Diskectomy) (intervertebral disk chemolysis)
3	AND not med (si)	(Exclude Medline Overlap)

Marks RA; 2000	Thema (Fusionsoperation)
Cavagna R et al., 2000	Thema (Fusionsoperation)
Patterson P, 1999	Leserbrief

Referenzenliste am Ende des Anhanges

3. Medline

Medline Recherche 1999 / 2000 nach (randomisierten) kontrollierten Studien. Plausibilitätsprüfung der Recherchestrategie anhand der Literaturangaben im Cochrane Review für die Jahrgänge 1993 und 1995. Retrieval der RCTs: 100%

Strategie und Treffer:

Medline WinSpirs, Silverplatter

Schritt	Suchbegriffe	Treffer
Suchprofil 1/2000 - 12/2000		
#1	(randomized-controlled-trial in PT) or (controlled-clinical-trial in PT)	19651
#2	(randomized?controlled?trial?) or (random?allocation) or (double?blind?method) or (single?blind?method)	12920
#3	((clin* near trial*) in TI) or ((clin* near trial*) in AB)	8732
#4	(singl* or doubl* or trebl* or tripl*) near (mask* or blind*)	8370
#5	(random* in TI) or (random* in AB)	28690
#6	research?design	2251
#7	comparative?study in TG	65580
#8	explode 'Evaluation-Studies' / all subheadings	31010
#9	(follow?up?stud*) or (prospective stud*)	38310
#10	control* or prospectiv* or volunteer*	161117
#11	animal in TG	197746
#12	#1 or #2 or#3 or #4 or #5 or#6 or #7 or #8 or #9 or #10 or #11	245894
#13	#12 not #11	181418
#14	(explode 'Back-Injuries' / all subheadings) or (explode 'Back-Pain' / all subheadings)	1822
#15	(explode 'Spinal-Nerve-Roots' / all subheadings) or (explode 'Spinal-Nerves' / all subheadings)	3360

#16	explode 'Intervertebral-Disk-Displacement' / all subheadings	411
#17	lbp or dorsalgia or backache	165
#18	'Sciatica-' / all subheadings	118
#19	sciatica	160
#20	lumbago or postlaminectomy	51
#21	(slipped adj (disc* or disk*)) or (prolap* adj (disc* or disk*)) or ((disc* or disk*)adj prolap*)	24
#22	hernia near3 (disc* or disk)	23
#23	hernia* near3 (disc* or disk*)	277
#24	(disc* or disk*) near2 hernia*	263
#25	cauda* near2 compress*	11
#26	#14 or #15 or #16 or #17 or #18 or #19 mor #20 or #20 #21 or #22 or #23 #24 or #25	5625
#27	'Intervertebral-Disk-Displacement' / surgery	215
#28	explode 'Intervertebral-Disk-Chemolysis' / all subheadings	14
#29	(explode 'Diskectomy-' / all subheadings) or (explode 'Diskectomy-Percutaneous' / all subheadings)	170
#30	'Laser-Surgery' / all subheadings	1252
#31	micro*discectomy or micro*diskectomy	26
#32	(diskectomy or discectomy) and (percutaneous or endoscopic)	31
#33	discectomy or diskectomy	229
#34	enzym* near2 injection*	6
#35	chymopapain	17
#36	intervertebral* near2 (disk* or disc*) near2 chemolysis	14
#37	#27 or #28 or #29 or #29 or #30 or #31 or #32 or #33 or #34 or #35 or #36	1615
#38	**#13 and #26 and #37**	**127**

Die Abstracts der 127 erhaltenen Referenzen wurden weiterhin auf folgende Einschlusskriterien überprüft:
Patienten: mit lumboischialgieformen Beschwerden bzw. diagnostiziertem Bandscheibenvorfall
Intervention: bandscheibenchirurgisches Verfahren im Vergleich zu anderen, ebenfalls chirurgischen Verfahren, zur Chemonukleolyse oder zu konservativer Therapie
Zielgrößen: Schmerzen und / oder Funktion und / oder Lebensqualität und / oder Arbeitswiederaufnahme
Design: randomisierte kontrollierte Studie

Obwohl die Medline Recherche konzipiert worden war zum Auffinden von randomisierten kontrollierten Studien, war nur eine Studie dieses Studientyps im Rechercheergebnis enthalten - deren Ergebnisse bereits in den Cochrane Review aufgenommen sind:

1.	Hermantin et al., 1999	RCT

Die Medliner Recherche ergab jedoch neben dem bekannten Review von Gibson et al., 2000 die Metaanalyse von Boult et al. (2000), die in keiner der anderen Recherchen bisher enthalten war.

1.	Boult et al., 2000	systematischer Review zur endoskopischen Laserdiskektomie
2.	Gibson et al., 2000	Cochrane Review

Weiterhin wurden weitere fünf Arbeiten zitiert bei der Aufarbeitung des Hintergrundes von Technologie und Zielkondition bzw. in der Diskussion.

1.	Keskimaki et al., 2000	Variabilität von Reoperationsraten
2.	Kramer et Ludwig, 1999	unsystematischer Review zu Indikationsstellungen
3.	Porchet et al., 1999	Indikationsstellung, RAND-Kriterien
4.	Rompe et al., 1999	retrospektive Analyse prognostischer Kriterien für Arbeitswiederaufnahme
5.	Vroomen et al., 1999	Indikationsstellung

Die verbliebenen 119 Referenzen wurden nicht in den HTA-Bericht eingebracht. Zitat und Ausschlussgrund (chronologische Ordnung; innerhalb eines Jahrganges alphabetisch):

1.	Arestov et al., 2000	Perioperative Analgesie, russisch
2.	Barrick et al., 2000	Fusionsoperationen, retropektive Studie
3.	Brantigan et al., 2000	Fusionsoperationen, einarmige Kohortenstudie
4.	Brayda-Bruno et Cinella, 2000	Unsystematischer Review
5.	Cappellades et al., 2000	Anatomiestudie
6.	Chang et al., 2000	Fallberichte (4), Cauda-Syndrom
7.	Danielsen et al., 2000	RCT zu Exercise Therapie in der Reha
8.	Deyo et al., 2000	Patientenorientierte Entscheidungsfindung
9.	Dezawa et al., 2000	Operationstechnikstudie (Fallserie)
10.	Dolan et al., 2000	RCT zu Begleittherapie: Exercise und Microdiskektomie
11.	Epstein NE, 2000	Zervikale Operationen
12.	Giudicelli et al., 2000	Prozessus Transversus Frakturen, Case Report
13.	Hannon et al., 2000	Fusionsoperationen, Technikstudie
14.	Johnson et al., 2000	Zervikale Operation
15.	Katkhouda et al., 2000	Fusionsoperationen, Technikstudie
16.	Kauffmann et al., 2000	Komplikationen nach Fusions-Op
17.	Klein et al., 2000	
18.	Lifeso et Colucci, 2000	Zervikale Frakturen
19.	Lowell et al., 2000	Komplikationen postoperativer Injektionstherapie
20.	Marks-RA, 2000	Retrospektive Studie
21.	Motimaya et al., 2000	Diagnostik bei HWS-Syndrom
22.	Mullin et al., 2000	Diagnosestudie
23.	Nygaard et al., 2000	Einarmige Kohortenstudie
24.	Nygaard et al., 2000a)	Pathophysiologie der Diskushernie bei älteren Patienten
25.	Nygaard et al., 2000b)	Kohortenstudie, prognostische Faktoren
26.	Ostelo et al, 2000	Nachbehandlung: Exercise
27.	Parker et al., 2000	Fusionsoperationen
28.	Rosahl et al, 2000	Fusionsoperationen, zervikal
29.	Schmid DU, 2000	Unsystematischer Review
30.	Steib et al., 2000	Fusionsoperationen, Fallserie
31.	Wang et Tronnier, 2000	RCT zu Akupunktur vor und nach Bandscheibenchirurgie
32.	Wirth et al., 2000	Zervikale Diskektomie
33.	Woischnek et al., 2000	Entscheidungskriterien zur Einleitung von Rehamaßnahmen
34.	Wörtgen et al., 2000	Zervikale Foraminotomie
35.	Wörtgen et al., 2000a)	Histopathologie nach Bandscheibenchirurgie
36.	Yi-Kai et al., 2000	Nachbehandlung mit "Silver Needle"-Therapie
37.	Yuceer et al., 2000	Pathophysiologie (Immunglobulinkonz. bei Diskushernie)
38.	Yun BY, 2000	Fusionsoperatinen, Technik
39.	Zoega et al., 2000	Outcome nach zervikaler Diskektomie
40.	Aliashkevich et al., 1999	Spinale Stenosen
41.	An et al., 1999	Fallserie, ambulante Laminotomien und Diskectomien
42.	Awwad et Smith, 1999	Surgicel, MRI-Befunde postoperativ

43.	Bartolin et al., 1999	postoperative Urodynamik, prospektive, einarmige Studie
44.	Bednar, 1999	Ambulante Mikrodiscectomy, Kohortenstudie
45.	BenDebba et al., 1999	Narbengewebe und Outcome, ADCON-L Gel-Studie
46.	Berthelot et al., 1999	Prädiktoren für den Erfolg stationärer Therapie (prospektive Kohortensudie)
47.	Canale D, 1999	Leserbrief
48.	Carragee et al, 1999	Aktivitätsrestriktion und Lockerung, Pilotstudie
49.	Cinotti et al., 1999	Contralaterale Rekurrenz, Fallserie
50.	Daneyemez et al., 1999	Retrospektive Analyse von konsekutiven Patienten
51.	De Groot et al., 1999	Patientenzufriedenheit in Abhängigkeit von der Erwartungshaltung
52.	Debois et al., 1999	Pathophysiologie der zervikalen Diskushernie
53.	DeStandau, 1999	Technikstudie, Fallserie
54.	Devulder et al., 1999	Injektionstherapie bei "Failed Back"
55.	Donceel et al., 1999	Schulung von Rehaberatern
56.	Durham et al., 1999	Retrospektive Studie, pädiatrische Patienten
57.	Ehrendorfer S, 1999	Leserbrief
58.	Fontanella A, 1999	Zervikale Diskushernien
59.	Fountas et al., 1999	Postoperative Analgesie
60.	Gejo et al., 1999	Fallserie, Auswirkungen von intraoperativen Muskelschädigungen
61.	Gibson et al., 1999	Kurzfassung Cochrane Review
62.	Gioia et al., 1999	Technikstudie, Fallserie
63.	Graver et al., 1999	Prospektive Kohortenstudie
64.	Haag et al., 1999	Komplikationen nach Chemonukleolyse, Fallbericht
65.	Hamalainen et al., 1999	Zervikale Syndrome bei Piloten
66.	Heckmann et al,. 1999	Zervikale Operationen
67.	Hoffmann et al., 1999	Zervikale Frakturen
68.	Hommel et al., 1999	unsystematischer Review, Sport nach Diskektomie
69.	Jankowski et al., 1999	Fallserie, Mikrodiscectomy, polnisch
70.	Jeanot et al., 1999	Indikationskriterien
71.	Johnson et Stromquist, 1999	Bedeutung eines positiven SLR postoperativ (prospektive Kohortenstudie)
72.	Kameyama et al., 1999	Fallbericht, Komplikation Halo-Orthose
73.	Kaptain et al., 1999	Sekundärer Krankheitsgewinn als Einflußgröße auf Outcome, zervikal vs. lumbal
74.	Keller et al., 1999	Outcomes in Abhängigkeit von Operationsraten
75.	Konttinen et al., 1999	Pathophysiologie der Bandscheibendegeneration
76.	Kylanpaa et al., 1999	Diszitis
77.	Lagares et al., 1999	Fallbericht, Komplikation
78.	Leivseth et al., 1999	Pathophysiologie nach Chemonukleolyse
79.	LeRoux et Samudrala, 1999	Postoperative Analgesie
80.	Leufven et al., 1999	Fusionsoperationen
81.	Levi et al., 1999	Thorakale Diskushernie, Fallserie
82.	Loupasis, et al., 1999	7-20 Jahresoutcomes nach Diskectomy, retrospektive Studie
83.	Lutz et al., 1999	Relation von präoperativer Erwartung und Outcome
84.	Lyu et al., 1999	Fallbericht: Differentialdiagnose: thorakale vs. lumbale Diskushernie
85.	Malawski S, 1999	Thorakale Diskushernien, polnisch
86.	Maroon et al., 1999	Narbengewebe und Outcome, ADCON-L Gel Studie
87.	Matsunaga et al., 1999	Zervikale Syndrome, postoperative Druckentwicklung in der Bandscheibe
88.	McKinley et Sheffer, 1999	ADCON-L Gel
89.	Miriutova et al., 1999	Bestrahlungstherapie in der Reha, russisch
90.	Nakai et al., 1999	Fusionseingriffe
91.	Nishizawa et al., 1999	Unsystematischer Review
92.	Nygaard et al., 1999	Mikrodiskektomie, Kohortenstudie; prognostische Wertigkeit von MRI diagnostiziertem Narbengewebe

93.	Ozaki et al., 1999	Histologie der Diskushernie
94.	Ozgen et al., 1999	Outcome von Revisionseingriffen, Fallserie
95.	Porchet et al., 1999a)	ADCON-L Gel bei Revisionseingriffen
96.	Porchet et. al., 1999	Spezielle Technik, prospektive Kohortenstudie
97.	Rajamaran et al., 1999	Komplikationen, Fusionsoperationen
98.	Rodet et al., 1999	Prognostischer Wert von EMG auf Outcome nach Diskektomie
99.	Ross et al., 1999	NMR Grading System
100.	Sahlstrand et Lonntoft, 1999	MRI Outomes intra- und postoperativ
101.	Saifuddin et al., 1999	Pathophysiologie, Radiologie bei Anuluseinrissen
102.	Schade et al., 1999	Prospektive, kontrollierte Studie
103.	Schley B, 1999	Lokalanaesthesie beim Postnukleotomiesyndrom
104.	Shoda et al., 1999	Zervikale Fusionsoperationen
105.	Siebert, 1999	Unsystematischer Review zu perkutanen Nukleotomieverfahren
106.	Steffen et vonBremen-Kuhne, 1999	Unsystematische Übersicht zur Chemonukleolyse
107.	Takahashi et al., 1999	Pathophysiologie der Nervenkompression
108.	tenBrinke et al., 1999	Beinlänge und Seite von Ischialgien
109.	Tonami et al.	Diagnostikstudie
110.	Tribus et al., 1999	Pseudarthrosenbehandlung
111.	Ursin H, 1999	Prädiktoren für Therapieerfolge bei chronischen Patienten (unsyst. Übersicht), norwegisch
112.	Valen B, 1999	Prospektive Kohortenstudie (?); norwegisch
113.	Vogelsang et al., 1999	Diagnostische Wertigkeit von Narbengewebe im MRI
114.	Vroomen et al., 1999	Bettruhe bei Ischialgie
115.	Vucetic et al., 1999	Prospektive Kohortenstudie
116.	Wang et al., 1999	Fallserie: Outcomes bei Spitzensportlern
117.	Wörtgen et al., 1999	Prospektive, unkontrollierte Studie
118.	Young et al., 1999	Fallserie, Outcome bei MS-Patienten
119.	Zollner J et al., 1999	Pathophysiologie der Diskusdegeneration

(Referenzlist am Ende des Anhanges)

4. Guideline Recherchen

Für die Recherchen nach Guidelines wurde die Linksammlung der Ärztlichen Zentralstelle Qualitätssicherung verwendet. Die Suchstrategien wurden den Erforderlichkeiten der jeweiligen Webseiten angepasst; als Stichworte wurden Back pain, Sciatica, Diskectomy, Chemonukleolysis und Disk Disease eingesetzt. In den Datenbanken wurden folgende Ergebnisse gefunden:

Australien / Neuseeland	
Australian Medical Association	0
Australian Department of Health and Aged Care	Back Pain Guideline (keine Berücksichtigung von ischialgiformen Symptomen)
New Zealand	Low Back Pain Guideline (keine relevanten Aussagen zu operativen Verfahren)
NSW-Health, Australia	0
Kanada	
Alberta Clinical Practice Guidelines	0
British Columbia	0
CTF PHC	0
Canadian Medical Associaton	0

College of Physicians and Surgeons of Manitoba	0
Health Canada (Laboratory Center for Disease Control)	0
USA	
National Guideline Clearinghouse	Clinical guideline on low back pain. American Academy of Orthopaedic Surgeons/North American Spine Society. 1996 Universe of Florida patients with low back pain or injury. Florida Agency for Health Care Administration. Criteria for entrapment of a single lumbar nerve root. Olympia (WA): Washington State Department of Labor and Industries; 1999 Cauda equina. Olympia (WA): Washington State Department of Labor and Industries; 1999
Agency of Health Care and Quality Research	Verweis auf NGC
AMA	0
AMDA (American Medical Directors Association)	0
(ACPM) American College of Preventive Medicine	0
CDC (Centers for Disease Control)	0
HCFA (Health Care Financing Administration - entspricht AMDA	0
HSTAT: Institute for clinical Systems Improvement	Adult Low Back Pain - umfasst auch Ischialgien; keine Ausführungen zu Operationsindikationen
NIH (National Institutes for Health)	0
San Diego Medical Center	0
University of California Medical Center	multiple Links zu teilweise gesperrten Universitätsseiten,
University of Washington	s.o.
Department of Veteran Afffairs	0
Vermont Programme for Quality in Health Care	0
Virtual Hospital of Iowa	0 (via Link zur AHQR)
Europa	
ANAES / ANDEM; Frankreich	Diskusprothesen (irrelevant) Prise en Charge Diagnostique et Thérapeutique des Lombalgies et Lombosciatique communes de moins de trois mois d'évolution. 2000
CBO; Niederlande	Het Lumbosacrale Radiculaire Syndroom
Nederlandse Huisartengenootschap	0
Duodecim, Finnland	Radikulopathien: keine weiteren Angaben zur operativen Versorgung, abgesehen von Notfällen
IHS Oxford Database of Critically Appraised Guidelines; UK	Datenbank entfernt
University of Newcastle, UK	0
Scottish Intercollegiate Guide-	0

line Network; UK	
Royal College of General Practitioners	Acute Low Back Pain in Adults - umfasst auch Ischialgien; keine Ausführungen zu Operationsindikationen
Equip Magazine, UK	0
AWMF, Deutschland	n= 3 (vgl. Kapitel C.2.3)

5. Handsuchen:

- Spine: 1/1999 – 6/2001
- Zentralblatt für Neurochirurgie: 1/2000 - 6/2001
- Zeitschrift für Orthopädie und ihre Grenzgebiete: 1/2000 - 12/2000

Das Handsuchen verfolgt zwei Zielsetzungen: einerseits sollen ebenfalls randomisierte kontrollierte Studien und systematische Reviews aufgefunden werden (Einschlusskriterien s. elektronische Datenbankrecherchen; andererseits sollte durch Verfolgen der Diskussionsinhalte und Referenzen sichergestellt werden, dass keine weitere relevante und möglicherweise nicht in Medline gelistete Studie übersehen wird. Letztere Strategie führte zum Auffinden der Studie von Burton et al. (2000)

1. Burton K, Tillotson KM, Cleary J: Single-blind randomised controlled trial of chemonucleolysis and manipulation in the treatment of symptomatic lumbar disc herniation. European Spine Journal 9: 202-207; 2000

Qualitätsbewertung der eingeschlossenen Literatur:

Die auf den folgenden drei Seiten exemplarisch gezeigten Checklisten wurden zur Bewertung der systematischen Reviews (Checklliste 1b), HTA-Berichte (Checkliste 1a) und Primärstudien (Checkliste 2) verwendet. Auf Wunsch kann die vollständige Dokumentation der eingeschlossenen Materialien zur Verfügung gestellt werden.

Checkliste 2a:	**Primärstudien (RCTs / Fall-Kontrollstudien / Kohortenstudien / Längsschnittstudien / Fallserien**						
Bericht Nr.:							
Titel: **Autoren:** **Quelle:**							
Dokumenttyp	RCT:	☐	Kohortenstudie:	☐	Fall-Kontrollstudie:	☐	Längsschnittstudie: ☐
	Fallserie:	☐	Andere:	☐			

Klas	A	Auswahl der Studienteilnehmer	Ja	Nein	?
QA	1.	Sind die Ein- und Ausschlußkriterien für Studienteilnehmer ausreichend / eindeutig definiert?	☐	☐	☐
QA	2.	Wurden die Ein-/ Ausschlußkriterien vor Beginn der Intervention festgelegt?	☐	☐	☐
QA	3.	Wurde der Erkrankungsstatus valide und reliabel erfaßt?	☐	☐	☐
QBI	4.	Sind die diagnostischen Kriterien der Erkrankung beschrieben?	☐	☐	☐
QB	5.	Ist die Studienpopulation / exponierte Population repräsentativ für die Mehrheit der exponierten Population bzw. die "Standardnutzer" der Intervention?	☐	☐	☐
QA	6.	Bei Kohortenstudien: Wurden die Studiengruppen gleichzeitig betrachtet?	☐	☐	☐
		B Zuordnung und Studienteilnahme			
QA	1.	Entstammen die Exponierten / Fälle und Nicht-Exponierten / Kontrollen einer ähnlichen Grundgesamtheit?	☐	☐	☐
QA	2.	Sind Interventions-/Exponierten- und Kontroll-/ Nicht-Exponiertengruppen zu Studienbeginn vergleichbar?	☐	☐	☐
QB	3.	Erfolgte die Auswahl randomisiert mit einem standardisierten Verfahren?	☐	☐	☐
QC	4.	Erfolgte die Randomisierung blind?	☐	☐	☐
QA	5.	Sind bekannte / mögliche Confounder zu Studienbeginn berücksichtigt worden?	☐	☐	☐
		C Intervention / Exposition			
QA	1.	Wurden Intervention bzw. Exposition valide, reliabel und gleichartig erfaßt?	☐	☐	☐
QB	2.	Wurden Interventions- / Kontrollgruppen mit Ausnahme der Intervention gleichartig therapiert?	☐	☐	☐
QB	3.	Falls abweichende Therapien vorlagen, wurden diese valide und reliabel erfaßt?	☐	☐	☐
QA	4.	Bei RCTs: Wurden für die Kontrollgruppen Placebos verwendet?	☐	☐	☐
QA	5.	Bei RCTs: Wurde dokumentiert wie die Plazebos verabreicht wurden?	☐	☐	☐
		D Studienadministration			
QB	1.	Gibt es Anhaltspunkte für ein "Overmatching?			
QB	2.	Waren bei Multicenterstudien die diagnostischen und therapeutischen Methoden sowie die Outcome-Messung in den beteiligten Zentren identisch?	☐	☐	☐

		E Outcome Messung			
I	1.	Wurden patientennahe Outcome-Parameter verwendet?	☐	☐	☐
QA	2.	Wurden die Outcomes valide und reliabel erfaßt?	☐	☐	☐
QB	3.	Erfolgte die Outcome Messung verblindet?			
QC	4.	Bei Fallserien: Wurde die Verteilung prognostischer Faktoren ausreichend erfaßt?	☐	☐	☐
		F Drop Outs	Ja	N	?
QA	1.	War die Response-Rate bei Interventions-/ Kontrollgruppen ausreichend hoch bzw. bei Kohortenstudien: konnte ein ausreichend großer Teil der Kohorte über die gesamte Studiendauer verfolgt werden?	☐	☐	☐
QA	2.	Wurden die Gründe für Ausscheiden von Studienteilnehmern aufgelistet?			
QB	3.	Wurden die Outcomes der Drop-Outs beschrieben und in der Auswertung berücksichtigt?	☐	☐	☐
QB	4.	Falls Differenzen gefunden wurden - sind diese signifikant?	☐	☐	☐
QB	5.	Falls Differenzen gefunden wurden - sind diese relevant?	☐	☐	☐
		G Statistische Analyse			
QA	1.	Sind die beschriebenen analytischen Verfahren korrekt und die Informationen für eine einwandfreie Analyse ausreichend?	☐	☐	☐
QB	2	Wurden für Mittelwerte und Signifkanztests Konfidenzintervalle angegeben?	☐	☐	☐
I	3.	Sind die Ergebnisse in graphischer Form präsentiert und wurden die den Graphiken zugrundeliegenden Werte angegeben?	☐	☐	☐

Beurteilung:

Die vorliegende Publikation wird:

berücksichtigt ☐

ausgeschlossen ☐

Legende:

Klass.	Klassifikation der Frage
Q	Frage, die Aspekte der methodischen Qualität erfasst; in absteigender Relevanz mit A, B oder C bewertet
I	Frage, mit reinem Informationsgehalt, irrelevant für die Qualitätsbeurteilung

Checkliste 1b: Systematische Reviews und Metaanalysen			
Bericht-Nr.:			
Referenz-Nr.: **Titel:** **Autoren:** **Quelle:**			
Das vorliegende Dokument enthält: qualitative Informationssynthesen ☐ quantitative Informationssynthesesen ☐			
	ja	**nein**	**unklar**
A Fragestellung			
1. Ist die Forschungsfrage relevant für die eigene Fragestellung	☐	☐	☐
B Informationsgewinnung			
1. Dokumentation der Literaturrecherche:			
a) Wurden die genutzten Quellen dokumentiert?	☐	☐	☐
b) Wurden die Suchstrategien dokumentiert?	☐	☐	☐
2. Wurden Einschlußkriterien definiert?	☐	☐	☐
3. Wurden Ausschlußkriterien definiert?	☐	☐	☐
4. Wurden der Forschungsfrage entsprechende Ergebnisparameter verwendet ?	☐	☐	☐
C Bewertung der Informationen			
1. Dokumentation der Studienbewertung:			
a) Wurden Validitätskriterien berücksichtigt?	☐	☐	☐
b) Wurde die Bewertung unabhängig von mehreren Personen durchgeführt?	☐	☐	☐
c) Sind ausgeschlossene Studien mit ihren Ausschlußgründen dokumentiert?	☐	☐	☐
2. Ist die Datenextraktion nachvollziehbar dokumentiert?	☐	☐	☐
3. Erfolgte die Datenextraktion von mehreren Personen unabhängig?	☐	☐	☐
D Informationssynthese			
1. Quantitative Informationssynthesen:	☐	☐	☐
a) Wurde das Metaanalyse-Verfahren angegeben?	☐	☐	☐
b) Wurden Heterogenitätstestungen durchgeführt?	☐	☐	☐
c) Sind die Ergebnisse in einer Sensitivitätsanalyse auf Robustheit überprüft?	☐	☐	☐
3. Qualitative Informationssynthesen:			
a) Ist die Informationssynthese nachvollziehbar dokumentiert?	☐	☐	☐
b) Gibt es eine Bewertung der bestehenden Evidenz?	☐	☐	☐
E Schlußfolgerungen			
1. Wird die Forschungsfrage beantwortet?	☐	☐	☐
2. Wird die bestehende Evidenz in den Schlußfolgerungen konsequent umgesetzt?	☐	☐	☐
3. Werden methodisch bedingte Limitationen der Aussagekraft kritisch diskutiert?	☐	☐	☐
4. Werden Handlungsempfehlungen ausgesprochen?	☐	☐	☐
5. Gibt es ein Grading der Empfehlungen?	☐	☐	☐
5. Wird weiterer Forschungsbedarf identifiziert?	☐	☐	☐
6. Ist ein "Update" des Review eingeplant?	☐	☐	☐
Abschließende Beurteilung: Die vorliegende Publikation wird berücksichtigt ☐ ausgeschlossen ☐			

Checkliste 1a:	Kontextdokumente					
Bericht Nr.:						
Titel: Autoren: Quelle:						
Dokumenttyp	HTA-Bericht	☐	Praxisrichtlinie	☐	Anderes Dokment	☐
Adressaten:	Entscheidungsträger	☐	Kliniker	☐	Patienten ☐	Andere ☐

Klas	A	Fragestellung und Kontext	Ja	Nein	?
I	1.	Werden Anlass und Ziel der Publikation im Sinne einer "Policy Question" dargestellt?	☐	☐	☐
QA	2.	Gibt es im Rahmen des breiteren Kontext eine präzise formulierte Forschungsfrage nach der (interessierenden) Intervention?*	☐	☐	☐
I	3.	Sind in der Publikation Angaben zu folgenden Aspekten enthalten:	☐	☐	
I		a) Epidemiologie der Zielerkrankung	☐	☐	☐
I		b) (Entwicklungs-)stand der Technologie	☐	☐	☐
I		c) Efficacy	☐	☐	☐
I		d) Effectiveness	☐	☐	☐
I		e) Nebenwirkungen	☐	☐	☐
I		f) Indikationen**	☐	☐	☐
I		g) Kontraindikationen	☐	☐	☐
I		h) Praxisvariation	☐	☐	☐
I		i) Versorgungsstrukturen	☐	☐	☐
I		j) Kostengesichtspunkten	☐	☐	☐
I		k) sozioökonomischem, ethischem und juristischem Impact	☐	☐	☐
Klas	**B**	**Methodik der Informationsgewinnung**			
QA	1.	Wurden die genutzten Quellen dokumentiert?	☐	☐	☐
QB	2.	Wurden die Suchstrategien dokumentiert?	☐	☐	☐
QB	3.	Wurden Einschlußkriterien definiert?	☐	☐	☐
QB	4.	Wurden Ausschlußkriterien definiert?	☐	☐	☐
Klas	**C**	**Methodik der Bewertung und Dokumentation:**			
QA	1.	Wurden Validitätskriterien berücksichtigt?	☐	☐	☐
QC	2.	Wurde die Bewertung unabhängig von mehreren Personen durchgeführt?	☐	☐	☐
QC	3.	Sind ausgeschlossene Studien mit ihren Ausschlußgründen dokumentiert?	☐	☐	☐
QC	4.	Ist die Datenextraktion nachvollziehbar dokumentiert?	☐	☐	☐
QC	5.	Erfolgte die Datenextraktion von mehreren Personen unabhängig?	☐	☐	☐

Klas	D	Methodik der Informationssynthese	Ja	Nein	?
I		Es wurden quantitative Informationssynthesen durchgeführt:(bitte für die enthaltene Metaanalyse Bogen 1b ausfüllen)	☐	☐	☐
I		Es wurden qualitative Informationssynthesen durchgeführt:(bitte für die Informationszusammenfassung Bogen 1b ausfüllen)	☐	☐	☐
I		Es wurden zur Ergänzung der Datenlage eigene Erhebungen durchgeführt:	☐	☐	☐
	E	**Ergebnisse / Schlußfolgerungen**			
QB	1.	Wird die bestehende Evidenz in den Schlußfolgerungen konsequent umgesetzt?	☐	☐	☐
QA	2.	Werden methodisch bedingte Limitationen der Aussagekraft kritisch diskutiert?	☐	☐	☐
I	3.	Werden Handlungsempfehlungen ausgesprochen? ***	☐	☐	☐
I	4.	Gibt es ein Grading der Empfehlungen?	☐	☐	☐
QC	5.	Wurde die Publikation vor der Veröffentlichung einem externen Reviewverfahren unterzogen?	☐	☐	☐
I	6.	Ist ein "Update" der Publikation eingeplant?	☐	☐	☐
Klas	**F**	**Übertragbarkeit der internationalen / ausländischen Ergebnisse und Schlußfolgerungen**			
		Bestehen Unterschiede hinsichtlich der / des:			
I	a)	Epidemiologie der Zielkondition?	☐	☐	☐
I	b)	Entwicklungsstandes der Technologie?	☐	☐	☐
I	c)	Indikationsstellung? ****	☐	☐	☐
I	d)	Versorgungskontexte, -bedingungen, -prozesse?	☐	☐	☐
I	e)	Vergütungssysteme?	☐	☐	☐
I	f)	Sozioökonomischen Konsequenzen?	☐	☐	☐
I	g)	Patienten- und Providerpräferenzen?	☐	☐	☐

* keine Frageformulierung; Gliederungspunkte
** ist Gegenstand der Bewertung
***nur für Teilaspekte

Bitte im Text kommentieren: Falls Unterschiede bestehen: Wirken sie sich auf die Übertragbarkeit von Ergebnissen aus ?	
Falls eine Übertragbarkeit nicht möglich ist, präzise Formulierung von künftigem Informations- und Forschungsbedarf.	
Abschließende Beurteilung: Die vorliegende Publikation wird: berücksichtigt ☐	ausgeschlossen ☐

Referenzenliste - Ausgeschlossene Publikationen aus Medline Recherche:

1. Akagi-S; Saito-T; Kato-I; Sasai-K; Ogawa-R: Clinical and pathologic characteristics of lumbar disk herniation in the elderly. Orthopedics 23(5): 445-8; 2000
2. Aliashkevich-AF; Kristof-RA; Schramm-J; Brechtelsbauer-D: Does additional discectomy and the degree of dural sac compression influence the outcome of decompressive surgery for lumbar spinal stenosis? Acta-Neurochir-Wien 141(12): 1273-9; discussion 1279-80; 2000
3. An-HS; Simpson-JM; Stein-R: Outpatient laminotomy and discectomy. J-Spinal-Disord. 12(3): 192-6; 1999
4. Arestov-OG; Solenkova-AV; Lubnin-Alu; Shevelev-IN; Konovalov-NA: [The characteristics of epidural analgesia during the removal of lumbar intervertebral disk hernias] Zh-Vopr-Neirokhir-Im-N-N-Burdenko. (1): 13-5; 2000
5. Awwad-EE; Smith-KR Jr: MRI of marked dural sac compression by surgical in the immediately postoperative period after uncomplicated lumbar laminectomy. J-Comput-Assist-Tomogr. 23(6): 969-75; 1999
6. Barrick-WT; Schofferman-JA; Reynolds-JB; Goldthwaite-ND; McKeehen-M; Keaney -D; White-AH: Anterior lumbar fusion improves discogenic pain at levels of prior posterolateral fusion. Spine 25(7): 853-7; 2000
7. Bartolin-Z; Vilendecic-M; Derezic-D: Bladder function after surgery for lumbar intervertebral disk protrusion. J-Urol. 161(6): 1885-7; 1999
8. Bednar-DA: Analysis of factors affecting successful discharge in patients undergoing lumbar discectomy for sciatica performed on a day-surgical basis: a prospective study of sequential cohorts. J-Spinal-Disord 12(5): 359-62; 1999
9. BenDebba-M; Augustus-van-Alphen-H; Long-DM: Association between peridural scar and activity-related pain after lumbar discectomy. Neurol-Res. 21 Suppl 1: S37-42; 1999
10. Berthelot-JM; Rodet-D; Guillot-P; Laborie-Y; Maugars-Y; Prost-A: Is it possible to predict the efficacy at discharge of inhospital rheumatology department management of disk-related sciatica? A study in 150 patients. Rev-Rhum-Engl-Ed. 66(4): 207-13; 1999
11. Brantigan-JW; Steffee-AD; Lewis-ML; Quinn-LM; Persenaire-JM: Lumbar interbody fusion using the Brantigan I/F cage for posterior lumbar interbody fusion and the variable pedicle screw placement system: two-year results from a Food and Drug Administration investigational device exemption clinical trial. Spine 25(11): 1437-46; 2000
12. Brayda-Bruno-M; Cinnella-P: Posterior endoscopic discectomy (and other procedures). Eur-Spine-J. 9 Suppl 1: S24-9; 2000
13. Canale-DJ: Preventing complications in spine surgery [letter; comment] Surg-Neurol. 51(2): 230; 1999
14. Capellades-J; Pellise-F; Rovira-A; Grive-E; Pedraza-S; Villanueva-C: Magnetic resonance anatomic study of iliocava junction and left iliac vein positions related to L5-S1 disc. Spine 25(13): 1695-700; 2000
15. Carragee-EJ; Han-MY; Yang-B; Kim-DH; Kraemer-H; Billys-J: Activity restrictions after posterior lumbar discectomy. A prospective study of outcomes in 152 cases with no postoperative restrictions. Spine 24(22): 2346-51; 1999
16. Chang-HS; Nakagawa-H; Mizuno-J: Lumbar herniated disc presenting with Cauda Equina-Syndrome. Long-term follow-up of four cases. Surg-Neurol. 53(2): 100-4; discussion 105; 2000

17. Cinotti-G; Gumina-S; Giannicola-G; Postacchini-F: Contralateral recurrent lumbar disc herniation. Results of discectomy compared with those in primary herniation. Spine 24(8): 800-6

18. Daneyemez-M; Sali-A; Kahraman-S; Beduk-A; Seber-N: Outcome analyses in 1072 surgically treated lumbar disc herniations. Minim-Invasive-Neurosurg. 42(2): 63-8; 1999

19. Danielsen-JM; Johnsen-R; Kibsgaard-SK; Hellevik-E: Early aggressive exercise for postoperative rehabilitation after discectomy. Spine 25(8): 1015-20; 2000

20. Debois-V; Herz-R; Berghmans-D; Hermans-B; Herregodts-P: Soft cervical disc herniation. Influence of cervical spinal canal measurements on development of neurologic symptoms. Spine 24(19): 1996-2002; 1999

21. de-Groot-KI; Boeke-S; Passchier-J: Preoperative expectations of pain and recovery in relation to postoperative disappointment in patients undergoing lumbar surgery. Med-Care 37(2): 149-56; 1999

22. Destandau-J: A special device for endoscopic surgery of lumbar disc herniation. Neurol-Res. 21(1): 39-42; 1999

23. Devulder-J; Deene-P; De-Laat-M; Van-Bastelaere-M; Brusselmans-G; Rolly-G: Nerve root sleeve injections in patients with failed back surgery syndrome: a comparison of three solutions. Clin-J-Pain 15(2): 132-5; 1999

24. Deyo-RA; Cherkin-DC; Weinstein-J; Howe-J; Ciol-M; Mulley-AG Jr: Involving patients in clinical decisions: impact of an interactive video program on use of back surgery. Med-Care 38(9): 959-69; 2000

25. Dezawa-A; Yamane-T; Mikami-H; Miki-H: Retroperitoneal laparoscopic lateral approach to the lumbar spine: a new approach, technique, and clinical trial. J-Spinal-Disord. 13(2): 138-43; 2000

26. Dolan-P; Greenfield-K; Nelson-RJ; Nelson-IW: Can exercise therapy improve the outcome of microdiscectomy? Spine 25(12): 1523-32; 2000

27. Donceel-P; Du-Bois-M; Lahaye-D: Return to work after surgery for lumbar disc herniation. A rehabilitation-oriented approach in insurance medicine. Spine 24(9): 872-6; 1999

28. Durham-SR; Sun-PP; Sutton-LN: Surgically treated lumbar disc disease in the pediatric population: an outcome study. J-Neurosurg. 92(1 Suppl): 1-6; 2000

29. Ehrendorfer-S: Ipsilateral recurrent lumbar disc herniation [letter; comment] J-Bone-Joint-Surg-Br. 81(2): 368; 1999

30. Epstein-NE: The value of anterior cervical plating in preventing vertebral fracture and graft extrusion after multilevel anterior cervical corpectomy with posterior wiring and fusion: indications, results, and complications. J-Spinal-Disord. 13(1): 9-15; 2000

31. Fontanella-A: Endoscopic microsurgery in herniated cervical discs. Neurol-Res. 21(1): 31-8; 1999

32. Fountas-KN; Kapsalaki-EZ; Johnston-KW; Smisson-HF-3rd; Vogel-RL; Robinson -JS Jr: Postoperative lumbar microdiscectomy pain. Minimalization by irrigation and cooling. Spine 1999 24(18): 1958-60; 1999

33. Gejo-R; Matsui-H; Kawaguchi-Y; Ishihara-H; Tsuji-H: Serial changes in trunk muscle performance after posterior lumbar surgery. Spine 24(10): 1023-8; 1999

34. Gibson-JN; Grant-IC; Waddell-G: The Cochrane review of surgery for lumbar disc prolapse and degenerative lumbar spondylosis. Spine 24(17): 1820-32; 1999

35. Gioia-G; Mandelli-D; Capaccioni-B; Randelli-F; Tessari-L: Surgical treatment of far lateral lumbar disc herniation. Identification of compressed root and discectomy by lateral approach. Spine 24(18): 1952-7; 1999

36. Giudicelli-P; Goubeau-J; Chammas-M; Ledoux-D; Allieu-Y: [Transverse fracture of the upper sacrum with major displacement. CT reconstruction: case report] Rev-Chir-Orthop-Reparatrice-Appar-Mot. 86(4): 402-6; 2000

37. Graver-V; Haaland-AK; Magnaes-B; Loeb-M: Seven-year clinical follow-up after lumbar disc surgery: results and predictors of outcome. Br-J-Neurosurg. 13(2): 178-84; 1999

38. Haag-P; Munkel-K; Meinck-HM: [Late myelopathy after chemonucleolysis. Case report and review of the literature] Nervenarzt 70(10): 920-3; 1999

39. Hamalainen-O; Toivakka-Hamalainen-SK; Kuronen-P: +Gz associated stenosis of the cervical spinal canal in fighter pilots. Aviat-Space-Environ-Med. 70(4): 330-4; 1999

40. Hannon-JK; Faircloth-WB; Lane-DR; Ronderos-JF; Snow-LL; Weinstein-LS; West -JL-3rd: Comparison of insufflation vs. retractional technique for laparoscopic-assisted intervertebral fusion of the lumbar spine. Surg-Endosc 14(3): 300-4; 2000

41. Heckmann-JG; Lang-CJ; Zobelein-I; Laumer-R; Druschky-A; Neundorfer-B: Herniated cervical intervertebral discs with radiculopathy: an outcome study of conservatively or surgically treated patients. J-Spinal-Disord. 12(5): 396-401; 1999

42. Hoffmann-RF; Weisskopf-M; Stockle-U; Weiler-A; Haas-NP: Bisegmental rotational fracture dislocation of the pediatric cervical spine. A case report. Spine 24(9): 904-7; 1999

43. Hommel-H: [Sports after lumbar microsurgical nucleotomy] Z-Orthop-Ihre-Grenzgeb. 137(2): Oa11-2; 1999

44. Jankowski-R; Nowak-S; Zukiel-R: [Lumbar disk herniation treated by microsurgery]Neurol-Neurochir-Pol. 33(2): 377-86; discussion 386-7; 1999

45. Jeannot-JG; Vader-JP; Porchet-F; Larequi-Lauber-T; Burnand-B: Can the decision to operate be judged retrospectively? A study of medical records. Eur-J-Surg. 165(6): 516-21; 1999

46. Johnson-JP; Filler-AG; McBride-DQ; Batzdorf-U: Anterior cervical foraminotomy for unilateral radicular disease. Spine 25(8): 905-9; 2000

47. Jonsson-B; Stromqvist-B: Significance of a persistent positive straight leg raising test after lumbar disc surgery. J-Neurosurg. 91(1 Suppl): 50-3; 1999

48. Jun-BY: Posterior lumbar interbody fusion with restoration of lamina and facet fusion. Spine 25(8): 917-22; 2000

49. Kameyama-O; Ogawa-K; Suga-T; Nakamura-T: Asymptomatic brain abscess as a complication of halo orthosis: report of a case and review of the literature. J-Orthop-Sci. 4(1): 39-41; 1999

50. Kaptain-GJ; Shaffrey-CI; Alden-TD; Young-JN; Laws-ER Jr; Whitehill-R: Secondary gain influences the outcome of lumbar but not cervical disc surgery. Surg-Neurol. 52(3): 217-23; discussion 223-5; 1999

51. Katkhouda-N; Campos-GM; Mavor-E; Mason-RJ; Hume-M; Ting-A: Is laparoscopic approach to lumbar spine fusion worthwhile? Am-J-Surg. 178(6): 458-61; 2000

52. Kauffman-CP; Bono-CM; Vessa-PP; Swan-KG: Postoperative synergistic gangrene after spinal fusion. Spine 25(13): 1729-32; 2000

53. Keller-RB; Atlas-SJ; Soule-DN; Singer-DE; Deyo-RA: Relationship between rates and outcomes of operative treatment for lumbar disc herniation and spinal stenosis.J-Bone-Joint-Surg-Am. 81(6): 752-62; 1999

54. Klein-GR; Vaccaro-AR; Albert-TJ: Health outcome assessment before and after anterior cervical discectomy and fusion for radiculopathy: a prospective analysis. Spine 25(7): 801-3; 2000

55. Konttinen-YT; Kaapa-E; Hukkanen-M; Gu-XH; Takagi-M; Santavirta-S; Alaranta -H; Li-TF; Suda-A: Cathepsin G in degenerating and healthy discal tissue. Clin-Exp-Rheumatol. 17(2): 197-204; 1999

56. Kylanpaa-Back-ML; Suominen-RA; Salo-SA; Soiva-M; Korkala-OL; Mokka-RE: Postoperative discitis: outcome and late magnetic resonance image evaluation of ten patients. Ann-Chir-Gynaecol. 88(1): 61-4; 1999

57. Lagares-A; Gonzalez-P; Rivas-JJ; Lobato-RD; Ramos-A: Epidural haematoma after lumbar disc surgery causing radiculopathy. Acta-Neurochir-Wien 141(11): 1239-40; 1999

58. Leivseth-G; Salvesen-R; Hemminghytt-S; Brinckmann-P; Frobin-W: Do human lumbar discs reconstitute after chemonucleolysis? A 7-year follow-up study. Spine 24(4): 342-7; discussion 348; 1999

59. Le-Roux-PD; Samudrala-S: Postoperative pain after lumbar disc surgery: a comparison between parenteral ketorolac and narcotics. Acta-Neurochir-Wien. 141(3): 261-7; 1999

60. Leufven-C; Nordwall-A: Management of chronic disabling low back pain with 360 degrees fusion. Results from pain provocation test and concurrent posterior lumbar interbody fusion, posterolateral fusion, and pedicle screw instrumentation in patients with chronic disabling low back pain. Spine 24(19): 2042-5; 1999

61. Levi-N; Gjerris-F; Dons-K: Thoracic disc herniation. Unilateral transpedicular approach in 35 consecutive patients. J-Neurosurg-Sci. 43(1): 37-42; discussion 42-3; 1999

62. Lifeso-RM; Colucci-MA: Anterior fusion for rotationally unstable cervical spine fractures. Spine 25(16): 2028-34; 2000

63. Loupasis-GA; Stamos-K; Katonis-PG; Sapkas-G; Korres-DS; Hartofilakidis-G: Seven- to 20-year outcome of lumbar discectomy. Spine 24(22): 2313-7

64. Lowell-TD; Errico-TJ; Eskenazi-MS: Use of epidural steroids after discectomy may predispose to infection. Spine 25(4): 516-9; 2000

65. Lutz-GK; Butzlaff-ME; Atlas-SJ; Keller-RB; Singer-DE; Deyo-RA: The relation between expectations and outcomes in surgery for sciatica. J-Gen-Intern-Med. 14(12): 740-4; 1999

66. Lyu-RK; Chang-HS; Tang-LM; Chen-ST: Thoracic disc herniation mimicking acute lumbar disc disease. Spine 24(4): 416-8; 1999

67. Malawski-S: [Thoracic intervertebral disk herniation] Chir-Narzadow-Ruchu-Ortop-Pol. 64(2): 147-57; 1999

68. Marks-RA: Transcutaneous lumbar diskectomy for internal disk derangement: a new indication. South-Med-J. 93(9): 885-90; 2000

69. Maroon-JC; Abla-A; Bost-J: Association between peridural scar and persistent low back pain after lumbar discectomy.Neurol-Res. 21 Suppl 1: S43-6; 1999

70. Matsunaga-S; Kabayama-S; Yamamoto-T; Yone-K; Sakou-T; Nakanishi-K: Strain on intervertebral discs after anterior cervical decompression and fusion. Spine 24(7): 670-5; 1999

71. McKinley-DS; Shaffer-LM: Cost effectiveness evaluation of ADCON-L adhesion control gel in lumbar surgery.Neurol-Res. 21 Suppl 1: S67-71; 1999

72. Miriutova-NF; Levitskii-EF; Gorbunov-FE; Abdulkina-NG; Vel'bik-IV: [The combined rehabilitation of patients in the early and late periods after diskectomy] Vopr-Kurortol-Fizioter-Lech-Fiz-Kult. (3): 28-31; 1999

73. Motimaya-A; Arici-M; George-D; Ramsby-G: Diagnostic value of cervical discography in the management of cervical discogenic pain. Conn-Med. 64(7): 395-8; 2000

74. Mullin-WJ; Heithoff-KB; Gilbert-TJ Jr; Renfrew-DL: Magnetic resonance evaluation of recurrent disc herniation: is gadolinium necessary? Spine 25(12): 1493-9; 2000

75. Nakai-S; Yoshizawa-H; Kobayashi-S: Long-term follow-up study of posterior lumbar interbody fusion. J-Spinal-Disord. 12(4): 293-9; 1999

76. Nishizawa-S; Yokoyama-T; Yokota-N; Kaneko-M: High cervical disc lesions in elderly patients--presentation and surgical approach. Acta-Neurochir-Wien 141(2): 119-26; 1999

77. Nygaard-OP; Jacobsen-EA; Solberg-T; Kloster-R; Dullerud-R: Nerve root signs on postoperative lumbar MR imaging. A prospective cohort study with contrast enhanced MRI in symptomatic and asymptomatic patients one year after microdiscectomy. Acta-Neurochir-Wien 1999; 141(6): 619-22; discussion 623; 1999

78. Nygaard-OP; Jacobsen-EA; Solberg-T; Kloster-R; Dullerud-R: Postoperative nerve root displacement and scar tissue. A prospective cohort study with contrast-enhanced MR imaging one year after microdiscectomy. Acta-Radiol. 40(6): 598-602; 1999

79. Nygaard-OP; Kloster-R; Solberg-T: Duration of leg pain as a predictor of outcome after surgery for lumbar disc herniation: a prospective cohort study with 1-year follow-up. J-Neurosurg 92(2 Suppl): 131-4; 2000

80. Ostelo-RW; Koke-AJ; Beurskens-AJ; de-Vet-HC; Kerckhoffs-MR; Vlaeyen-JW; Wolters-PM; Berfelo- MW; van-den-Brandt-PA: Behavioral-graded activity compared with usual care after first-time disk surgery: considerations of the design of a randomized clinical trial. J-Manipulative-Physiol-Ther. 23(5): 312-9; 2000

81. Ozaki-S; Muro-T; Ito-S; Mizushima-M: Neovascularization of the outermost area of herniated lumbar intervertebral discs. J-Orthop-Sci. 4(4): 286-92; 1999

82. Ozgen-S; Naderi-S; Ozek-MM; Pamir-MN: Findings and outcome of revision lumbar disc surgery. J-Spinal-Disord. 12(4): 287-92; 1999

83. Parker-JW; Lane-JR; Karaikovic-EE; Gaines-RW: Successful short-segment instrumentation and fusion for thoracolumbar spine fractures: a consecutive 41/2-year series. Spine 25(9): 1157-70; 2000

84. Porchet-F; Chollet-Bornand-A; de-Tribolet-N: Long-term follow up of patients surgically treated by the far-lateral approach for foraminal and extraforaminal lumbar disc herniations. J-Neurosurg. 90(1 Suppl): 59-66; 1999

85. Porchet-F; Lombardi-D; de-Preux-J; Pople-IK: Inhibition of epidural fibrosis with AD-CON-L: effect on clinical outcome one year following re-operation for recurrent lumbar radiculopathy. Neurol-Res. 21 Suppl 1: S51-60; 1999

86. Rajaraman-V; Vingan-R; Roth-P; Heary-RF; Conklin-L; Jacobs-GB: Visceral and vascular complications resulting from anterior lumbar interbody fusion. J-Neurosurg. 91(1 Suppl): 60-4; 1999

87. Rodet-D; Berthelot-JM; Maugars-Y; Prost-A: [Prognostic value of preoperative electromyography for outcome of lumbosacral radiculopathy of discal origin] Presse-Med. 28(37): 2031-3; 1999

88. Rosahl-SK; Gharabaghi-A; Zink-PM; Samii-M: Monitoring of blood parameters following anterior cervical fusion. J-Neurosurg. 92(2 Suppl): 169-74; 2000

89. Ross-JS; Obuchowski-N; Modic-MT: MR evaluation of epidural fibrosis: proposed grading system with intra- and inter-observer variability. Neurol-Res. 21 Suppl 1: S23-6; 1999

90. Sahlstrand-T; Lonntoft-M: A prospective study of preoperative and postoperative sequential magnetic resonance imaging and early clinical outcome in automated percutaneous lumbar discectomy. J-Spinal-Disord. 12(5): 368-74; 1999

91. Saifuddin-A; Mitchell-R; Taylor-BA: Extradural inflammation associated with annular tears: demonstration with gadolinium-enhanced lumbar spine MRI. Eur-Spine-J. 8(1): 34-9; 1999

92. Schade-V; Semmer-N; Main-CJ; Hora-J; Boos-N: The impact of clinical, morphological, psychosocial and work-related factors on the outcome of lumbar discectomy. Pain 80(1-2): 239-49; 1999

93. Schley-B: [Therapeutic local anesthesia in postnucleotomy syndrome] Z-Orthop-Ihre-Grenzgeb. 137(2): Oa20-1; 1999

94. Schmid-UD: [Microsurgery of lumbar disc prolapse. Superior results of microsurgery as compared to standard- and percutaneous procedures (review of literature)] Nervenarzt 71(4): 265-74; 2000

95. Shoda-E; Sumi-M; Kataoka-O; Mukai-H; Kurosaka-M: Developmental and dynamic canal stenosis as radiologic factors affecting surgical results of anterior cervical fusion for myelopathy. Spine 24(14): 1421-4; 1999

96. Siebert-W: [Percutaneous nucleotomy procedures in lumbar intervertebral disk displacement. Current status] Orthopäde 28(7): 598-608; 1999

97. Steffen-R; von-Bremen-Kuhne-R: [Chemonucleolysis. Development, experiences, prospects] Orthopäde 28(7): 609-14; 1999

98. Steib-JP; Bogorin-I; Brax-M; Lang-G: [Results of lumbar and lumbosacral fusion: clinical and radiological correlations in 113 cases reviewed at 3.8 years] Rev-Chir-Orthop-Reparatrice-Appar-Mot. 86(2): 127-35; 2000

99. Takahashi-K; Shima-I; Porter-RW: Nerve root pressure in lumbar disc herniation. Spine 24(19): 2003-6; 1999

100. ten-Brinke-A; van-der-Aa-HE; van-der-Palen-J; Oosterveld-F: Is leg length discrepancy associated with the side of radiating pain in patients with a lumbar herniated disc? Spine 24(7): 684-6; 1999

101. Tonami-H; Kuginuki-M; Kuginuki-Y; Matoba-M; Yokota-H; Higashi-K; Yamamoto -I; Nishijima-Y: MR imaging of subchondral osteonecrosis of the vertebral body after percutaneous laser diskectomy. AJR-Am-J-Roentgenol. 173(5): 1383-6; 1999

102. Tribus-CB; Corteen-DP; Zdeblick-TA: The efficacy of anterior cervical plating in the management of symptomatic pseudoarthrosis of the cervical spine. Spine 24(9): 860-4; 1999

103. Ursin-H: [Prognosis in back pain] Tidsskr-Nor-Laegeforen. 119(13): 1909-12; 1999

104. Valen-B: [Persistent back pain, working situation and disability pension after lumbago surgery] Tidsskr-Nor-Laegeforen. 119(13): 1903-6; 1999

105. Vogelsang-JP; Finkenstaedt-M; Vogelsang-M; Markakis-E: Recurrent pain after lumbar discectomy: the diagnostic value of peridural scar on MRI. Eur-Spine-J. 8(6): 475-9; 2000

106. Vroomen-PC; de-Krom-MC; Wilmink-JT; Kester-AD; Knottnerus-JA: Lack of effectiveness of bed rest for sciatica. N-Engl-J-Med. 340(6): 418-23; 1999

107. Vucetic-N; Astrand-P; Guntner-P; Svensson-O: Diagnosis and prognosis in lumbar disc herniation. Clin-Orthop. (361): 116-22; 1999

108. Wang-JC; Shapiro-MS; Hatch-JD; Knight-J; Dorey-FJ; Delamarter-RB: The outcome of lumbar discectomy in elite athletes.Spine 24(6): 570-3; 1999

109. Wang-RR; Tronnier-V: Effect of acupuncture on pain management in patients before and after lumbar disc protrusion surgery--a randomized control study. Am-J-Chin-Med. 28(1): 25-33; 2000

110. Wirth-FP; Dowd-GC; Sanders-HF; Wirth-C: Cervical discectomy. A prospective analysis of three operative techniques. Surg-Neurol. 53(4): 340-6; discussion 346-8; 2000

111. Woertgen-C; Rothoerl-RD; Brawanski-A: Influence of macrophage infiltration of herniated lumbar disc tissue on outcome after lumbar disc surgery. Spine 25(7): 871-5; 2000

112. Woertgen-C; Rothoerl-RD; Breme-K; Altmeppen-J; Holzschuh-M; Brawanski-A: Variability of outcome after lumbar disc surgery. Spine 24(8): 807-11; 1999

113. Woertgen-C; Rothoerl-RD; Henkel-J; Brawanski-A: Long term outcome after cervical foraminotomy. J-Clin-Neurosci. 7(4): 312-5; 2000

114. Woischneck-D; Hussein-S; Ruckert-N; Heissler-HE: [Initiation of rehabilitation after surgery for herniated lumbar disk: pilot study of efficacy from the viewpoint of the surgical hospital] Rehabilitation-Stuttg. 39(2): 88-92; 2000

115. Yi-Kai-L; Xueyan-A; Fu-Gen-W: Silver needle therapy for intractable low-back pain at tender point after removal of nucleus pulposus. J-Manipulative-Physiol-Ther. 23(5): 320-3; 2000

116. Young-WF; Weaver-M; Mishra-B: Surgical outcome in patients with coexisting multiple sclerosis and spondylosis. Acta-Neurol-Scand. 100(2): 84-7; 1999

117. Yuceer-N; Arasil-E; Temiz-C: Serum immunoglobulins in brain tumours and lumbar disc diseases. Neuroreport. 11(2): 279-81; 2000

118. Zoega-B; Karrholm-J; Lind-B: Outcome scores in degenerative cervical disc surgery. Eur-Spine-J. 9(2): 137-43; 2000

119. Zollner-J; Sancaktaroglu-T; Meurer-A; Grimm-W; Andreas-J; Eysel-P: [Determination of hyaluronic acid in the nucleus pulposis in acute and chronic degenerative intervertebral disk changes] Z-Orthop-Ihre-Grenzgeb. 137(3): 211-3; 1999

Referenzenliste - Ausgeschlossene Publikationen aus Health Star Recherche:

1. Marks RA: Spine fusion for discogenic low back pain: outcomes in patients treated with or without pulsed electromagnetic field stimulation. Adv Ther. 17(2): 57-67; 2000

2. Cavagna R; Daculsi G; Bouler JM: Macroporous calcium phosphate ceramic: a prospective study of 106 cases in lumbar spinal fusion. J Long Term Eff Med Implants. 9(4): 403-12; 1999

3. Patterson P: Spinal cages: managing the costs. OR Manager. 15(3): 16-7, 20; 1999

Herausgegeben von Friedrich Wilhelm Schwartz, Johannes Köbberling, Heiner Raspe, J.-Matthias Graf von der Schulenburg

Health Technology Assessment

Schriftenreihe des Deutschen Instituts für Medizinische Dokumentation und Information im Auftrag des Bundesministeriums für Gesundheit

Angelika Müller/Diana Stratmann-Schöne/ Thomas Klose/Reiner Leidl Band 20
Ökonomische Evaluationen der Positronen-Emissions-Tomographie
– Ein gesundheitsökonomischer HTA-Bericht –
2001, X, 216 S., brosch., 41,– €, 71,– sFr, ISBN 3-7890-7232-X

Uwe Siebert/Nikolai Mühlberger/ Corinne Behrend/Jürgen Wasem Band 19
PSA-Screening beim Prostatakarzinom
Systematischer gesundheitsökonomischer Review Entwicklung und Anwendung eines Instrumentariums zur systematischen Beschreibung und Bewertung gesundheitsökonomischer Studien
2001, XIV, 368 S., brosch., 66,– €, 112,– sFr, ISBN 3-7890-7165-X

Dagmar Lühmann/Brigitte Hauschild/ Heiner Raspe Band 18
Hüftgelenkendoprothetik bei Osteoarthrose
– Eine Verfahrensbewertung –
2000, 159 S., brosch., 35,– €, 61,– sFr, ISBN 3-7890-7039-4

Matthias Perleth Band 17
Vergleichende Effektivität und Differentialindikation von Ballondilatation (PTCA) versus Bypasschirurgie bei Ein- und Mehrgefäßerkrankungen der Herzkranzgefäße
2000, X, 80 S., brosch., 22,50 €, 39,50 sFr, ISBN 3-7890-6663-X

Eva Maria Bitzer/Wolfgang Greiner Band 16
Hochdosis-Chemotherapie mit autologer Stammzelltransplantation zur Therapie des metastasierenden Mammakarzinoms
2000, 271 S., brosch., 55,– €, 95,– sFr, ISBN 3-7890-6655-9

Jürgen Fritze Band 15
Die Evaluation von Stroke Units als medizinische Technologie
2000, 157 S., brosch., 34,– €, 59,– sFr, ISBN 3-7890-6527-7

Sabine Röseler/ Friedrich Wilhelm Schwartz Band 14
Evaluation arthroskopischer Operationen bei akuten und degenerativen Meniskusläsionen
2000, 158 S., brosch., 34,– €, 59,– sFr, ISBN 3-7890-6525-0

Dagmar Lühmann/Thomas Kohlmann/ Stefan Lange/Heiner Raspe Band 13
Die Rolle der Osteodensitometrie im Rahmen der Primär-, Sekundär- und Tertiärprävention/Therapie der Osteoporose
2000, 222 S., brosch., 45,– €, 78,– sFr, ISBN 3-7890-6005-4

Christine Gernreich Band 12
Spezifische Hyposensibilisierung mit Allergenextrakten bei extrinsischem Asthma bronchiale und Insektengiftallergie
1999, 147 S., brosch., 34,– €, 59,– sFr, ISBN 3-7890-6335-5

M. Perleth/E. Jakubowski/R. Busse Band 11
Bewertung von Verfahren zur Diagnostik der akuten Sinusitis maxillaris bei Erwachsenen
1999, 103 S., brosch., 25,– €, 43,80 sFr, ISBN 3-7890-6321-5

Matthias Perleth/Gisela Kochs (Hrsg.) Band 10
Stenting versus Ballondilatation bei koronarer Herzkrankheit
Systematische Übersichten zur medizinischen Effektivität und zur Kosten-Effektivität
1999, 264 S., brosch., 51,– €, 88,– sFr, ISBN 3-7890-6171-9

**NOMOS Verlagsgesellschaft
76520 Baden-Baden**